Gabriele Wodak

Mein Leben- ein Tierpark

Für Frau Dr. Israelieff mit
herzlichem Dank für die
liebevolle Betreuung von Pauli

Gabriele Wodak

Gabriele Wodak

Mein Leben - ein Tierpark

Mit Fotos
von
Jutta Kirchner
und
Barbara Feldmann

KRAL
VERLAG

Haftungsausschluss
Sämtliche Vorschläge, Tipps, Empfehlungen oder Ähnliches beruhen alleine auf den persönlichen Erfahrungen der Autorin, die keinerlei Gewähr für Korrektheit, Vollständigkeit oder Qualität der bereitgestellten Informationen übernimmt. Haftungsansprüche gegen die Autorin, welche sich auf Schäden materieller oder ideeller Art beziehen, die durch die Nutzung oder Nichtnutzung der dargebotenen Informationen verursacht wurden, sind grundsätzlich ausgeschlossen.

Alle Rechte vorbehalten
Copyright © 2016 by Kral-Verlag, Kral GmbH
J.-F.-Kennedy-Platz 2
2560 Berndorf
Tel.: +43 (0) 660 4357604
Tel.: +43 (0) 2672/82 236-0, Fax: Dw. 4
E-Mail: office@kral-verlag.at

Fotos von Jutta Kirchner
Coverfotos von Barbara Feldmann
Lektorat: Gabriele Hasmann | www.wunschtext.at
Umschlag- und grafische Innengestaltung:
xl-graphic, Wien | xl-graphic@chello.at

Printed in EU
ISBN: 978-3-99024-457-9

Besuchen Sie uns im Internet: www.kral-verlag.at
und auf facebook unter:
www.facebook.com/KralverlagBerndorf

Ich widme dieses Buch meinem geliebten,
leider schon verstorbenen Vater,
Alfred Wodak,
der ein großer Tierfreund war
und mir Zeit seines Lebens mit liebevoller
Unterstützung zur Seite stand.

Inhalt

Danksagung

Dr. Helmut Pechlaner –
für das Vorwort und seine ständige, tatkräftige Unterstützung

Meinem Sohn Clemens für den immerwährenden Beistand
und die unendliche Geduld mit seiner tierverrückten Mutter

All meinen Mitstreitern für die gemeinsame Arbeit

Jutta Kirchner und Barbara Feldmann –
für die wunderbaren Fotos

Vorwort

Kennengelernt habe ich Gaby Wodak in den frühen 1990er-Jahren, als in den Medien eine wahre Hetzkampagne gegen sogenannte „Killerhunde" startete. Die profunde Hundekennerin kam zu mir in den Tiergarten Schönbrunn und wir waren uns sogleich darüber einig, dass nur falsche bzw. kriminelle „Erziehung" ein Hundeleben verpfuschen und die Beziehung des Schützlings zu Menschen für immer verderben kann. Sie schaffte sich damals einen Rottweilerwelpen an – Oskar, den wir alle spontan liebgewonnen haben, und der sein Leben lang der liebenswürdigste Hund gewesen ist, den man sich nur vorstellen kann. Gaby Wodak rief mit der „Pro Hund"-Aktion eine große Medienkampagne in Kronen Zeitung und ORF ins Leben. Viele Vorurteile konnten so von ihr ausgeräumt werden!

Intensiv wurde der Kontakt mit Gaby Wodak im Jahr 1999, als ein Tierpark im Wienerwald aus Tierschutzgründen dringend aufgelöst werden musste. Im Rahmen des Konkursverfahrens haben wir manchen Kampf Seite an Seite ausgetragen, an vielerlei Fronten gekämpft und viele Tiere in unbeschreiblich elendem Zustand aufgenommen, behandelt, versorgt und untergebracht. Gaby Wodak hat schließlich das Gelände übernehmen können und es zu einem kleinen Paradies für Tiere ausgebaut, für herrenlose Katzen, für Esel- und Pferdefohlen – Frühgeburten, oder solche, die die Stuten wegen einer kleinen Missbildung verstoßen hatten –, für mutterlose Marderkinder, halbverhungerte Kaninchen aus schlimmer Haltung, Schweinchen, die auf der Autobahn umhergeirrt waren, und viele mehr. Als Tier-Pflegerin und -Psychologin hat Gaby Wodak Geduld, Liebe, Expertise und Erfolg. Die von ihr geretteten Schützlinge finden lebenslang einen guten Platz bei ihr.

Ich gratuliere Gaby zu ihrem bewundernswert tollen Einsatz für Tiere und wünsche ihr genauso viel Erfolg für dieses zu Herzen gehende Buch.

Ich habe keinen Zweifel, dass die Bilder unserer lieben Jutta Kirchner, die seit 1992 grandiose Fotos im Tiergarten Schönbrunn macht, zu diesem Erfolg einen wesentlichen Beitrag leisten werden.

Helmut Pechlaner

1 Geheimakte Tierpark im Wienerwald

Wie man einen ganzen Tierpark rettet

Die Geschichte des Geländes, auf dem heute meine Tiere leben, begann mit einer schrecklichen Entdeckung.

Ich war damals im Jahr 1999 gerade von Wien in mein Haus im Wienerwald gezogen, um endlich am Land und somit auch näher bei meinen Pferden leben zu können, die ich in einem nahegelegenen Stall untergebracht hatte.

Gleich am zweiten Tag, die Umzugskisten waren noch nicht einmal ausgepackt, schnappte ich mir meinen treuen Rottweiler Oskar und erkundete mit ihm unsere neue Wohnumgebung auf der Suche nach geeigneten Hundespazierwegen. Ich fuhr also gemächlich die Straßen entlang, blickte interessiert mal hier und mal da hin, bis ich ein Schild bemerkte, auf dem „Tierpark" zu lesen stand. Neugierig und auch ein wenig erstaunt, machte ich mich sogleich auf die Suche nach besagtem Tierpark. Ich hatte zuvor noch nie davon gehört. Ich folgte also den Wegweisern und konnte es, dort angekommen, kaum fassen: Vor meinen Augen breitete sich eine Katastrophe sondergleichen aus. Ich hatte plötzlich mit einem der größten Tierschutzskandale des Landes zu tun.

Auf dem komplett desolaten Areal waren die Tiere in winzige Käfige gepfercht und befanden sich in einem äußerst schlechten Zustand. Alles starrte vor Dreck.

Eine über 100 Stück umfassende Meerschweinchen-Kolonie war völlig verpilzt. Man konnte an den Tieren offene und nässende Stellen am ganzen Körper sehen, einige davon schienen bereits tot zu sein. Die Meerschweinchen hatten sich offenbar völlig unkontrolliert vermehrt.

Acht Waschbären wurden in einer Art rostiger Vogelvoliere gefangen gehalten, in der es kein Wasser gab und einige unappetitliche Futterreste und Unmengen von Kot vor sich hin stanken. Das Fell der Tiere war stumpf und verschmutzt, ihre Augen trüb und ihre Pfoten wund von den verzweifelten Versuchen, ihrem Martyrium zu entfliehen. Das Futter hatte man ihnen anscheinend durch eine schmale Luke zugeworfen, eine Tür zum Ausmisten des Käfigs gab es jedoch nicht. Die Unterkunft musste also über Jahre hinweg nicht gereinigt worden sein. Die Tiere verfügten auch über keinerlei Zugang zu Wasser, um ihr Futter zu waschen oder davon zu trinken.

Auch sechs Polarfüchse, die sich das Fell abgescheuert und die Pfoten blutig gelaufen hatten, lebten in kleinen Käfigen. Sieben Nasenbären und zwei Marderhunde fristeten ein ebenso trostloses Dasein.

Von den vier dort lebenden Wölfen war eine Wölfin schwer behindert. Sie hatte große Schwierigkeiten, sich fortzubewegen, und bettelte trotzdem verzweifelt um Futter. Alle vier Tiere sahen stark abgemagert aus und machten einen schwachen, resignierten Eindruck auf mich.

Drei Auerrinder, Ochse, Kuh und Kalb, standen auf einem morastigen Gelände.

Der tiefe Schlamm, in dem sie mit ihren Beinen steckten, war steinhart getrocknet. Mir fiel gleich auf, dass das Kalb sich nicht bewegen konnte. Wie sich später herausstellen sollte, hatte das arme Geschöpf drei gebrochene Beine und musste noch an Ort und Stelle von seinem Leid erlöst werden.

Völlig geschockt von diesem unerträglichen Tierleid, setzte ich meinen Erkundungsrundgang fort. Wo ich auch hinsah – es bot sich mir ein Bild des Grauens.

Elf Shetland-Ponys, die größtenteils nur stark lahmend gehen konnten und aufgedunsene Wurmbäuche hatten, waren in einem engen, verschmutzen Gehege mittels Stacheldraht eingepfercht. Ich vermutete sofort, dass die Tiere aufgrund der falschen Fütterung unter Hufrehe (stoffwechselbedingte Entzündung in den Hufen, bei der sich die Hufkapsel von der Lederhaut ablöst) litten, zumal in dem Gehege haufenweise verschimmeltes Brot herumlag.

Eine weitere Tragödie spielte sich bei den neun Tarpanen (Wildpferde) ab! Das Hufhorn der armen Wesen begann bereits, sich vom Hufbein abzulösen. Was müssen diese Tiere für grauenhafte Schmerzen gelitten haben.

Es gab darüber hinaus auch noch einen abgemagerten Hirsch und drei Mufflons, die sich ebenfalls in sehr schlechtem Zustand befanden. Auch der kleine graue Eselhengst und zwei hochträchtige Eselstuten boten ein Bild des Jammers. Die beiden Eselinnen konnten sich kaum auf den Hufen halten und robbten größtenteils auf ihren Karpalgelenken (ähnlich dem Kniegelenk beim Menschen) dahin.

Zwischen all dem Elend sah ich zahlreiche herumirrende Katzen, die größtenteils blind oder deren Augen stark entzündet waren. Offensichtlich hatte hier eine infektiöse Augenkrankheit um sich gegriffen.

Die Katzen konnten sich zudem völlig unkontrolliert vermehren.

Und das Federvieh – hauptsächlich Enten und Gänse – lief mit verschmutztem Gefieder umher.

Eine grausamere Tierquälerei als diese Ansammlung von entsetzlich verwahrlosten Geschöpfen war mir bis dahin noch nie untergekommen.

Was sollte ich tun, wen zu Hilfe rufen? Der zuständige Amtstierarzt musste hier mit seinen Kontrollen völlig versagt haben.

Dann fiel mir zum Glück Helmut Pechlaner, damals Direktor des Tiergarten Schönbrunn in Wien, ein. Ich rief ihn an und schilderte ihm den grauenhaften Zustand der Tiere. Sofort sagte er mir seine volle Unterstützung für deren Rettung zu. Bereits am nächsten Tag war Helmut Pechlaner mit seinem Team von Tierpflegern und Tierärzten mit mir gemeinsam vor Ort, um sich ein Bild von der Situation zu verschaffen. Die Tiere wurden medizinisch notversorgt, gefüttert und getränkt.

Die Wasserversorgung war die nächste Katastrophe! Der Betreiber hatte nur zwei alte Weintanks aus Plastik auf dem Gelände abgestellt, die er, wie er behauptete, von der Feuerwehr befüllen ließ. Das konnte aber nicht stimmen, denn die beiden Behälter waren nicht dicht. Ich besorgte daraufhin bei der nächstgelegenen Tankstelle 20 Plastikkanister für die Erstversorgung.

So fuhr ich die ersten Tage ständig hin und her, um den Durst der Tiere zu stillen. Wir mussten dann noch auf neue Tanks warten, die allerdings nicht ausreichten, weil sie ständig einfroren. Daher musste ich den „Wasser-Shuttledienst" für einen längeren Zeitraum aufrechterhalten.

Nun war, um eine dauerhafte Lösung zu finden, die niederösterreichische Landesregierung gefragt. Dank Helmut Pechlaners Fürsprache bekam ich relativ rasch einen Termin bei Landeshauptmann Erwin Pröll. Ich erfuhr, dass sich der Tierpark bereits in Konkurs befand und erhielt die Zusage, dass das Land Niederösterreich die Tiere ersteigern werde, um sie uns zur weiteren Pflege und Vermittlung in eine artgerechte Haltung zu überlassen.

Gemeinsam mit Helmut Pechlaner und dem Tiergarten Schönbrunn machte ich mich an die Arbeit. Bis auf das arme Auerwildkalb, das wir erlösen mussten, gelang es damals, alle Tiere gesundzupflegen. Sie konnten größtenteils an Tiergärten übergeben werden. Die Pflege, Kastration und Vermittlung der Katzen übernahm ich und war damit viele Monate lang beschäftigt.

Einige wenige Tiere, wie zum Beispiel die grauen Esel mit den trächtigen Stuten, ein kleines Muli, das Federvieh und die Meerschweinchen, wollte damals niemand haben und so blieben sie bei mir.

In diesem Jahr kam es zu einem besonders frühen Wintereinbruch, und so bat ich Helmut Pechlaner, die Esel und das Muli einstweilen im Tiergarten Schönbrunn unterbringen zu dürfen. Auch da wurde mir sofort geholfen. Und so kam mein erstes Eselfohlen, Paulinchen, im Tiergarten Schönbrunn gesund zur Welt. Zwei Wolfsdamen – eine helle und eine dunkle – zogen auf Dauer nach Schönbrunn. Ricki, die helle Wölfin, litt unter einer Einschränkung des Gehapparats und war vielleicht auch dadurch ganz zahm geworden. Ich habe sie regelmäßig besucht, und sie ließ sich von mir wie ein Hund streicheln. Abends, wenn sich keine Besucher mehr in der Anlage aufhielten, spazierte sie gerne mit ihren Pflegern an der Leine durch den Tiergarten. Ricki verbrachte in Schönbrunn noch einige schöne Jahre.

Von der Hölle ins Paradies

Als wir die Tiere endlich von diesem schrecklichen Ort weggebracht hatten, blieb nur ein völlig verlottertes, verschmutztes und unverwertbares Gelände zurück, das sogar aus der Konkursmasse ausgegliedert wurde. Dieser Pachtgrund der Erzdiözese Wien wäre ohne weiteres Zutun wieder an den Besitzer retourniert worden, der bereits seine Absicht erklärt hatte, an derselben Stelle erneut einen Tierpark zu eröffnen. Das konnte und durfte einfach nicht sein! Nach vielen Überlegungen einigten wir uns darauf, dass ich das Gelände aus der Konkursmasse auslösen sollte, um genau das zu verhindern. Ich fuhr also zum Masseverwalter nach St. Pölten und erstand kurzerhand einen völlig verwahrlosten Tierpark, der mich in den kommenden Jahren noch vor viele schwere, aber immer lohnende Aufgaben stellen sollte.
Ich habe in den darauffolgenden Jahren bis heute meine ganze Kraft in dieses Projekt gesteckt.

Die Reinigung des Geländes erwies sich, wie erwartet, als problematisch. Beispielsweise standen noch dreizehn große Tiefkühltruhen, seit Jahren außer Betrieb, teilweise vollgefüllt mit verdorbenem Fleisch, auf dem Areal herum. Diese konnten nur von Spezialisten in Schutzanzügen und Atemschutzmasken weggeschafft werden.

In den Gehegen mussten wir zunächst einmal Müll trennen, da man Wegwerfprodukte aus Glas, Kunststoff, Holz und Metall zusammengeschmissen hatte. Morsche Zäune und unendlich viel Stacheldraht wurden entfernt, die stark verkoteten Wiesen mit speziellen Geräten gesäubert, bevor man umackern und neues Gras aussäen konnte. Danach ließ ich einen tiefen Brunnen graben sowie Wasserleitungen und Stromleitungen verlegen, bevor ich das erste Stallgebäude errichtete. Den zweiten Stall hat der Tiergarten Schönbrunn gebaut und genutzt, um zusätzliche Weideflächen für die Noriker des Tirolerhofs zu gewinnen. Als die Pferde später in Schloss Hof eine schöne Heimat fanden, übernahm ich auch noch dieses zweite Stallgebäude.

Anfangs übersiedelten meine Fjordstute Mirabell, Lorenz, das einjährige Norikerfohlen, Pantschi, die braune Eselin, die Eselgruppe nebst den Katzen und Kleintieren, die alle ihre Wartezeit im Tiergarten Schönbrunn verbracht hatten, zu mir in den Wienerwald. Es war plötzlich unendlich viel Platz auf dem mehrere Hektar großen Gelände und in den neuen Stallungen.

Im Lauf der Zeit fanden jedoch viele Tiere, die sich in Not befanden und dringend einen Platz zum Leben benötigten, zu mir.

Dem Tiergarten Schönbrunn und Landeshauptmann Erwin Pröll werde ich ewig für ihre Hilfe dankbar sein. Besonders hervorzuheben ist allerdings Helmut Pechlaner, der mich so tatkräftig in meinem Bestreben für die Tiere unterstützte! Wir haben Seite an Seite für eine gute Sache gekämpft, um vielen notleidenden Geschöpfen ein artgerechtes und zufriedenes Leben zu ermöglichen.

Für mich begann damals die Verwirklichung meines Lebenstraumes, ein Refugium für Tiere in Not zu schaffen, die ein Leben lang bei mir eine Heimat finden und viel Respekt und Liebe erfahren, damit sie ihre tragische Geschichte vergessen können.

Über die besonderen Schicksale meiner für mich so speziellen tierischen Freunde möchte ich Ihnen in den folgenden Kapiteln berichten.

2 Gegen jede Wahrscheinlichkeit

Laura will leben!

Laura war neun Wochen zu früh auf die Welt gekommen und als „Präparat eines unausgereiften Fohlens" für Studenten der tierärztlichen Universität Wien dort abgegeben worden. Alle dachten, dass die zarte Stute schon beim Transport ihr kurzes Leben aushauchen würde. Aber wie der Zufall es wollte, überstand sie die Fahrt, und ich befand mich vor Ort, um zu helfen.

Von einem befreundeten Tierarztehepaar wurde mir das winzige, unausgereifte Pferdchen gezeigt: Es wog nicht einmal die Hälfte des normalen Geburtsgewichts eines Norikerfohlens. Ihre Hufe waren noch ganz weich und der schmächtige Körper von einem hauchdünnen, seidigen Fell überzogen, das die rosige Haut durchschimmern ließ. Zudem hatten sich die Lungen noch nicht ganz ausgebildet, weshalb das winzige Pferdekind an starken Atemproblemen litt, wie man mir gleich erklärte.

Ich blickte auf das wunderschöne, kleine Geschöpf hinunter, wie es da hilflos im Stroh lag. Das Fohlen mit den weißen und braunen Flecken war nicht größer als ein Cockerspaniel, hatte schneeweiße Babylöckchen am Mähnenansatz und einen schwarzen Aalstrich. Dann traf mich zum ersten Mal ihr Blick aus riesengroßen fast schwarzen Augen, klar und wach, trotz der schlechten Verfassung des Pferdchens. Und da wusste ich: Dieses Fohlen wollte leben, um jeden Preis, und es hatte mich ausgesucht, um ihm dabei zu helfen!

Als meine Freunde mir erklärten, der Kampf um dieses kleine Wesen sei aussichtslos, war es bereits zu spät: Ich kauerte schon auf dem Boden und hatte das zarte Tier fest in meine Arme geschlossen.

„Ihr müsst es doch wenigstens versuchen!", flehte ich für meinen neuen Schützling und wollte das Fohlen gar nicht mehr loslassen.

Die Tierärzte schüttelten den Kopf. „Das Immunsystem ist noch nicht ausgebildet. Uns ist beim besten Willen kein Fall bekannt, wo ein derart unreifes Fohlen überlebt hätte! Es wird sterben … so leid uns das tut."

„Laura will leben … und ich werde ihr dabei helfen …", sagte ich in diesem Moment, wohl mehr zu mir selbst, als zu den Veterinärmedizinern. Nachdem ich die kleine Stute getauft hatte, war ich erst recht fest entschlossen, dem Tod hier ein Schnippchen zu schlagen.

Mehr als skeptisch begannen die Ärzte schließlich mir zuliebe mit den Behandlungen. Wir wechselten uns Tag und Nacht mit der Fütterung und Pflege des Fohlens ab. Laura hatte große Schwierigkeiten beim Trinken, vertrug die handelsüblichen Stutenmilch-Ersatzprodukte nicht und litt zudem unter massiven Lungenproblemen, Durchfall und starken Fieberschüben. Ich stellte mich taub, wenn die Veterinäre mir wieder und wieder erklärten, dass die Sache aussichtslos und – selbst wenn das Pferdchen wie durch ein Wunder doch überleben würde – mit schwersten Behinderungen zu rechnen war.

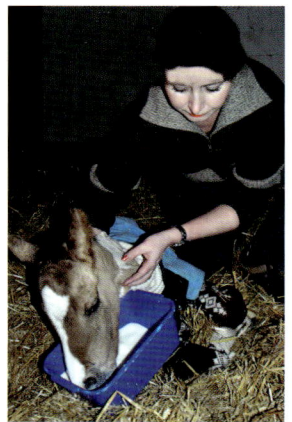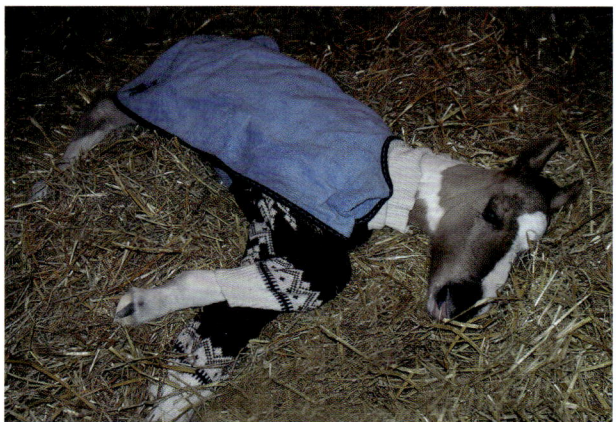

Da Laura noch nicht stehen konnte, musste sie ständig gewendet und bewegt werden, um ihre ohnehin stark angegriffene Lunge nicht noch weiter zu schädigen. Um sie warmzuhalten, hüllte ich sie in Kinderpullover und ließ mir auch sonst allerhand unorthodoxe Methoden für meine kleine Stute einfallen. So versuchte ich, sie von Anfang an aus einer Schüssel trinken zu lassen, anstatt sie mit einem Fläschchen zu füttern, und gewöhnte sie daran, meinen in die Milch gesteckten Finger als Saugnippel

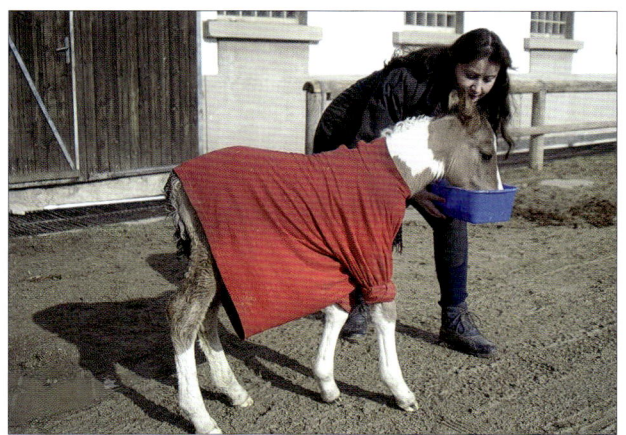

zu verwenden. So wollte ich die große Gefahr des Aspirierens (= Eindringen von Material in die Atemwege) vermeiden, eine der häufigsten Todesursachen bei Saugfohlen, wenn Flüssigkeit in die Lunge gelangt. Die Gewöhnung an diese sichere Trinkmethode erforderte in den ersten Tagen und Nächten unendliche Geduld.

Da sich Laura bei Freunden befand, zog ich dort kurzerhand mit Sack und Pack ein, um Tag und Nacht bei ihr sein zu können. Was aber auch Andrea und Max in dieser Zeit geleistet haben, werde ich ihnen nie vergessen.

Nach einer Woche konnte Laura mit unserer Hilfe schon auf wackeligen Beinchen stehen, mit drei Wochen lief sie schon munter umher. Ihre Fortschritte waren erstaunlich, genauso wie die Tatsache, dass sie mich zu ihrer Mutterstute auserkoren hatte. Sie lief ständig neben mir her, kaum blieb ich stehen, blieb sie auch stehen und sah mich erwartungsvoll an. Jetzt war Bewegung besonders wichtig für das kleine Pferdchen. Also verbrachte ich meine Tage vor allem damit, durch die Gegend zu laufen, während mir Laura auf Schritt und Tritt folgte und dabei behutsam ihre Umwelt zu erkunden und zu bestaunen begann.

Jeden Tag erlebten wir neue große Abenteuer auf unseren ausgedehnten Spaziergängen. So lernte Laura zum Beispiel alle Arten von Böden kennen. Wald, Wiese, Asphalt, Sand usw. fühlten sich ganz unterschiedlich an. Besonders die vielen Tiere, die uns täglich begegneten, faszinierten meine kleine Laura. Furchtlos und neugierig trat die winzige Stute allem und jedem entgegen. Da sie sich ganz besonders für Kühe interessierte, verbrachten wir beide viele Stunden im Kuhstall und schlossen Freundschaft mit jedem einzelnen Wiederkäuer. Auch die Rinder verliebten sich alle in das kleine Fohlen, das es selig genoss, von ihren rauen Zungen abgeleckt zu werden.

Trotz ihres wachen Geistes war Laura körperlich immer noch recht schwach. Ich habe sie damals sicherlich mehr als zwanzig Mal zum Sterben in die Arme genommen und mich nicht getraut, sie loszulassen, weil ich spürte, dass sie für immer gehen würde, wenn ich sie nicht mehr festhielt. Aber mein Pferdchen wollte leben! Irgendwie konnten wir alle Krisen gemeinsam meistern, auch dank des Könnens und der grenzenlosen Einsatzbereitschaft meiner Freunde. Als ich Laura nach sechs Wochen zu mir nach Hause nahm, schien das Schlimmste überstanden zu sein, und so war ich nun auch mit der Pflege auf mich allein gestellt. Ich überwachte die zarte Stute rund um die Uhr. Alle zwei Stunden musste sie gefüttert werden – am Tag wie auch in der Nacht. War ich

unterwegs, fuhr Laura mit mir im Auto am Rücksitz mit. Ich passte mich völlig dem Rhythmus des kleinen Fohlens an, und meist schliefen wir aneinandergeschmiegt gemeinsam im Stroh. Die Zeit zwischen den Mahlzeiten verbrachte ich damit, Laura Medikamente zu verabreichen, mit ihr herumzutollen und sie ans Heu fressen zu gewöhnen. Dies erwies sich allerdings als schwierige Aufgabe. Drei Wochen lang saß ich in ihrer Box am Boden, kaute Heuhalme und bot ihr immer wieder ein paar davon an. Ich war bereits fest davon überzeugt, das einzige Pferd der Welt zu besitzen, das niemals Heu fressen würde, oder selbst bald zu wiehern. Und dann, eines Tages, begann Laura endlich, wenngleich anfangs auch noch zögerlich, an den Halmen zu kauen. Mir fiel ein Stein vom Herzen: zum einen, weil für meine Stute wieder

ein großer Schritt ins Leben geschafft war, und zum anderen, weil ich selbst endlich aufhören konnte, an den spröden Halmen zu lutschen.

Immer noch litt Laura in regelmäßigen Abständen an den verschiedensten Infektionen, aber mit der Zeit wurde sie immer kräftiger. Meine anderen Noriker schauten ständig zu ihr in die Box, schnupperten sie ab und stupsten sie vorsichtig mit ihren weichen Nasen an.

Als das Fohlen drei Monate alt war, wagte ich es schließlich, sie stundenweise zur übrigen Herde zu lassen. Es klappte hervorragend: Laura genoss absolute Narrenfreiheit und stieß auf eine äußerst rücksichtsvolle Pferdegesellschaft, die sie sofort aufnahm und ins Herz schloss.

Von da an stabilisierte sich ihr Zustand recht schnell, und sie wuchs zu einer wunderschönen, gesunden und eleganten Stute heran.

Laufende Untersuchungen zeigten, dass keinerlei Spätschäden zurückgeblieben waren. Laura hatte sich prächtig entwickelt und wurde ein sehr gutes, wenn auch temperamentvolles, aber immer unerschrockenes Reitpferd. Ein weiterer Meilenstein ihrer unglaublichen Erfolgsgeschichte stellte ihr Sieg bei der Stutenkörung (Körung = Auswahl von für die Zucht bestimmter Rassen) in Stössing dar, als sie im Alter von zwei Jahren zur schönsten jungen Zuchtstute ernannt wurde.

Unsere unglaublich enge Bindung ist bis heute erhalten geblieben und ich werde meiner geliebten Stute ewig für diese einmaligen Erlebnisse dankbar sein. Von keinem Pferd habe ich so viel gelernt wie von Laura. Ich bewundere und liebe sie für ihren unbändigen Lebenswillen, der uns über alle Höhen und Tiefen hinwegtrug und mir gezeigt hat, dass sogar das Unmögliche möglich ist, wenn man nur fest genug daran glaubt und niemals den Mut verliert.

Ferdinand, das Zirkuspferd

Meine Laura hatte sich wirklich zu einer Prachtstute entwickelt! Und schon bald entstand bei mir der Wunsch nach einem Fohlen von ihr, dem sie hoffentlich ihre guten Eigenschaften vererben würde. Es sollte das einzige Mal in meinem Leben bleiben, dass ich ein Pferd züchtete.

Als Laura fünf Jahre alt wurde, begab ich mich also auf die Suche nach einem geeigneten Deckhengst. Natürlich war der Beste gerade gut genug für meine Prinzessin. So zog ich den Zuchtverband zu Rate, der mit mir einen edlen schwarzen Noriker mit reinem Erbgut als Partner für Laura auserkor. Auf genaue Untersuchungen zur Bestimmung des richtigen Zeitpunkts folgte die Deckung. Ich konnte mein Glück kaum fassen, als meine Freundin Andrea bei der ersten Ultraschalluntersuchung verkündete, dass Laura trächtig war.

Aufgeregt hütete ich meine geliebte Stute auch in dieser Zeit wie meinen Augapfel. In der zweiten Hälfte ihrer Tragzeit nahm Lauras Umfang erstaunliche Dimensionen an, sie wurde regelrecht monströs. Wenn sie sich im Sand wälzte, hatte ich das Gefühl, sie würde entweder platzen oder nie mehr aufstehen können, so riesig war ihr Bauch. Bald sah ich das Fohlen auch schon kräftig treten. Ich massierte meiner Stute ständig das Kreuz und den Bauch und verwöhnte sie damals noch mehr als sonst. Meine geduldigen Tierärzte trieb ich fast in den Wahnsinn mit meiner Besorgnis, am liebsten hätte ich täglich eine Ultraschalluntersuchung verlangt.

Als der Zeitpunkt der Geburt näher rückte, brachte ich Laura in eine große Abfohlbox und verbrachte drei Nächte zusammen mit Horst, einem Tierarzt und Gynäkologen, daneben im Stroh. Es waren kalte Nächte, aber wir harrten tapfer aus, um im Notfall gleich zur Stelle zu sein und die Geburt nur ja nicht zu verpassen.

Am 1. März 2004 um drei Uhr früh gebar Laura völlig problemlos, unterstützt von den geübten Handgriffen des Tierarztes, ein wunderschönes Scheck-

hengstfohlen. Was für ein Erlebnis! Nie werde ich den rührenden Moment vergessen, als Laura ihren Sohn zum ersten Mal anstupste. Das kleine Fohlen war so fit, dass es ungewöhnlich schnell auf die Beine kam und gleich trinken wollte, während es seine Mutter noch trocken leckte. Vor lauter Ungeduld fand der hochgewachsene „Kleine" anfangs das Euter nicht. Er musste erst mit viel Geduld dazu überredet werden, sich hinunter zu beugen und unter den Bauch der Mutter zu schlüpfen, was ihm bei seiner Größe sichtlich schwerfiel. Nach etwas bangen zwei Stunden hatte er es aber geschafft und trank in vollen Zügen. Erleichtert, erschöpft und voller Freude genehmigten wir uns ebenfalls erst einmal ein kräftiges Frühstück.

Ich taufte den kleinen Hengst Ferdinand. Es handelte sich um ein wunderschönes schwarz-weiß geschecktes Fohlen mit einem weißen Stern auf dem schwarzen Kopf und großen, dunklen seelenvollen Augen. Von Anfang an war das kleine Pferdekind unglaublich lebhaft und verlangte seiner geduldigen Mutter einiges ab. Es wieherte mit seinem glockenhellen Fohlenstimmchen und flitzte und sprang über die Weiden. Laura gab sich als eine sehr fürsorgliche und geduldige Mutter. Und Ferdinand spürte vom ersten Moment an die Vertrautheit zwischen der Stute und mir. Er wurde daher ebenfalls besonders anhänglich und menschenbezogen.

Der kleine Hengst wuchs zu einem wunderschönen, kräftigen jungen Pferd heran und ich war begeistert von seiner Entwicklung. Bereits als Jährling begannen wir spielerisch mit leichter Bodenarbeit. Ferdinand zeigte sich extrem lernbereit und wollte am liebsten immer etwas Neues machen. Er wurde ein braves Reitpferd, aber seine wirkliche Leidenschaft war die Zirkusarbeit. Lauras Sohn erlernte mit Begeisterung allerlei Kunststücke der Freiheitsdressur, konnte sich bei einem Kompliment verbeugen und übte mit Begeisterung den spanischen Schritt. Zu Verena, seiner Trainerin, entwickelte er ein fast zärtliches Verhältnis.

Der Hengst brauchte sehr viel Abwechslung bei der Ausbildung, sonst langweilte er sich schnell. Also taten wir ihm den Gefallen und übten mit ihm die Kunststücke, die er so liebte.

Ferdinand möchte bis heute gerne ein Zirkuspferd sein und so bewundern wir ihn überschwänglich für seine Kunststücke und lassen ihn gewähren.

INFO

Die durchschnittliche Tragezeit von Stuten beträgt 340 Tage. Eine Stute gebärt in Seitenlage, eine normale Pferdegeburt dauert zehn bis 30 Minuten. Durch das Aufstehen der Stute nach der Geburt reißt die Nabelschnur an der richtigen Stelle. Das Muttertier beginnt sofort damit, ihr Neugeborenes abzulecken. Dadurch werden die Reste der Eihaut entfernt und der Kreislauf des Fohlens angeregt.

Neugeborene Fohlen erhalten ihre Immunstoffe in den ersten 36 Stunden über die Kolostral- oder Erstlingsmilch von der Mutterstute gleichsam einer Schluckimpfung.
Neugeborene Fohlen trinken vier bis sieben Mal pro Stunde aus dem Euter des Muttertiers. Nehmen sie in diesen ersten Stunden nicht genug der wertvollen Stutenmilch auf, sind sie sehr anfällig für Infektionen.

TIPP

Die Handaufzucht von Fohlen ist nur dann zu empfehlen, wenn keine geeignete Ammenstute gefunden werden kann. Ist eine Handaufzucht nötig, wird das Fohlen mit einer geeigneten Fohlenaufzuchtmilch gefüttert – anfangs tagsüber alle ein bis zwei Stunden und nachts mindestens alle drei Stunden. Die Aufzuchtmilch muss für jede Mahlzeit frisch angerührt werden und eine Temperatur von 40 Grad Celsius haben.

3 Wüstenschiffe im Wienerwald

Meine Kamele Akim, Max und Moritz

Die Geschichte meiner Kamele birgt Wunder und Tragödie gleichermaßen. Als sie begann, besuchte ich mit Tierfotografin Jutta Kirchner, unsere gemeinsame Freundin Geli Mair, Besitzerin des „Tiergarten und Reiterhof Walding bei Linz". Sie erzählte von den Fohlen ihrer beiden Kamelstuten, woraufhin wir uns sogleich auf den Weg zum Kamelgehege machten, um die kleinen Paarhufer zu bewundern. Es gibt wohl nicht viel Süßeres auf dieser Welt, als kleine Kamele: Diese Tierbabys mit ihren riesigen dunklen Augen, dem seidenweichen Fell, den samtigen Nasen, auf langen staksigen Beinen sind einfach hinreißend.

Ich war nicht mehr zu halten, als ich die beiden drei Monate alten Hengstfohlen erblickte. Schnell schlüpfte ich durch die Koppelstangen, um mir die beiden entzückenden Kamelkinder genauer anzusehen. Als ich das Gehege betrat, geschah etwas Unglaubliches: Das eine Fohlen kam kurz zu mir, beschnupperte mich und kehrte dann gleich wieder zu seiner Mutter zurück. Doch das andere Kamelbaby ging von seiner Mutter weg und blieb bei mir. Es ließ sich von mir nach Herzenslust streicheln und umarmen. Wir gingen miteinander um, als würden wir uns schon ewig kennen. Aber das wirklich Erstaunliche daran war vor allem das Verhalten der Kamelmutter. Sie überließ mir einfach ihr Kind, zog sich ziemlich weit entfernt von uns auf die Weide zurück und begann dort, ganz entspannt ohne ihr Fohlen zu grasen. Um das kleine flauschige Kamelbaby und mich herum versank die Welt, es gab weder Zeit noch Raum, während wir miteinander kuschelten. Sein weiches Fell zu berühren, war unglaublich schön, und es blickte mich mit seinen riesigen schwarzen Augen ruhig und ganz vertraut an. Das kleine Kamelfohlen und ich konnten fast zwei Stunden in inniger Vertrautheit miteinander verbringen, während die Stute abseits friedlich graste. Zu ihr lief der Kleine erst, als er Hunger bekam, um zu trinken, kam danach aber gleich wieder zu mir zurück. Das zweite Kamelfohlen kümmerte sich hingegen überhaupt nicht um mich und blieb immer an der Seite seiner Mutter. Jutta schoss natürlich jede Menge Fotos. Ich hatte es gar nicht bemerkt. Es entstanden unglaublich berührende Bilder.

Sieben Jahre später – ich hatte die Geschichte von damals schon vergessen – kam ein Mann auf mich zu, der dringend eine Unterbringungsmöglichkeit für seinen wirklich riesigen Kamelwallach namens Akim suchte. Er sollte nur vorübergehend auf meinem Hof bleiben, bis der Besitzer einen Käufer für ihn gefunden hatte.

Doch was soll ich sagen? Es kam wie es kommen musste. Innerhalb kürzester Zeit habe ich mich unsterblich in das Kamel verliebt und das Kamel sich anscheinend auch in mich. Schnell war klar, dass nur ich und niemand anderer der gesuchte Käufer sein konnte. Und so kam ich zu meinem ersten Kamel.

Mein Akim war wie ein überdimensionierter, pflanzenfressender Hund und folgte mir auf Schritt und Tritt. Sein Stall war immer offen und er lebte frei auf dem Gelände meines Hofes. Kaum hörte er mein Auto, kam er schon angelaufen und begleitete mich bei all meinen anfallenden Arbeiten. Bei jedem Handgriff schaute Akim mir über die Schulter. Ich hätte mit ihm problemlos in jedes Kaffeehaus gehen können, wenn er nur nicht so raumfüllend gewesen wäre. Sobald ich mich hinsetzte, legte er sich auch nieder und bettete seinen großen Kopf in meinen Schoß. Birnensaft trank er ganz manierlich aus dem Becher. Apfelsaft mochte er nicht, der war ihm zu sauer. Also habe ich immer Unmengen seines Lieblingssafts für ihn gekauft.

Wenn ich mein Sonnenbett aufstellte, kam er schon angelaufen, ließ sich neben mir nieder und legte seinen langen Hals der Länge nach auf mich. Meine lebende Kameldecke wurde zwar mit der Zeit ein bisschen heiß, aber wir haben diese Geste der Zuneigung beide geliebt. Die Beziehung, die wir zwei zueinander hatten, war wirklich einzigartig. Das brachte meine Freundin Jutta auf die Idee, Nachforschungen anzustellen, woher Akim stammte. Ob man es glauben mag oder nicht: Bei meinem Akim handelte es sich um das damals noch namenlose Kamelfohlen aus Walding, mit dem ich sieben Jahre zuvor auf Anhieb ein Herz und eine Seele gewesen war! Nachträglich betrachtet, könnte man vermuten, Mutter und Sohn wussten schon damals, dass der kleine Hengst eines Tages mit mir leben würde.

Später kam dann auch noch Cindy, eine weiße Kamelstute, zu mir – ebenfalls von Akims Vorbesitzer.

Nach anfänglicher Panik hatten sich meine Pferde rasch an ihre neuen zotteligen Weidegenossen gewöhnt und wir konnten sogar alle gemeinsam ausreiten. Leider sollte die Idylle nicht lange währen.

Zu meinem großen Entsetzen verstarben beide Kamele ein halbes Jahr später an einer schweren Infektion. Ich habe damals alles Erdenkliche unternommen, um die beiden zu retten, aber selbst ein Spezialistenteam aus dem Ausland und ein eigens eingeflogenes Antiserum konnte ihnen nicht mehr helfen.

Ich war untröstlich, konnte diese Tragödie einfach nicht fassen. Vor allem der Verlust von Akim traf mich bis in mein Innerstes. Ich hatte mich in kurzer Zeit so an ihn gewöhnt und er fehlte mir entsetzlich. Niemals hätte ich mir vorstellen können, Akim jemals zu ersetzen. Mit dem Tod der beiden war das Thema Kamel für mich ein für alle Mal erledigt – dachte ich, bis ich drei Monate später erneut nach Walding fuhr.

Eigentlich in einer ganz anderen Angelegenheit unterwegs, zeigte man mir im Zuge meines Besuchs auch die Kamele. Auf dem Weg zum Gehege wurde mir das Herz schwer, alles erinnerte mich an Akim. Die Stuten hatten auch in diesem Jahr wieder zwei Hengstfohlen geboren.

Was dann passierte, kann man nur als unglaublich bezeichnen. Wie bei einem Déjà-vu wiederholte sich das, was Jahre zuvor schon einmal passiert war, auf

exakt dieselbe Weise: Zwei Kamelfohlen standen bei ihren Müttern im Stall – das eine kümmerte sich nicht weiter um mich, aber das andere kam zu mir und ließ sich herzen und drücken. Auch dieses Mal ließ die Mutter ihr Kind mit mir alleine, drehte sich um und ging weg. Als ich in das Gesicht des kleinen Kamels sah, raubte es mir den Atem: Es hatte dieselben Züge wie mein kurz zuvor verstorbener Akim und zeigte sich ganz genauso verschmust – kein Wunder, denn es handelte sich um Brüder. Und damit noch nicht genug: Der kleine Hengst, er hieß Max, war an Akims Todestag zur Welt gekommen! Und ich hatte meine zweite Kamelliebe auf den ersten Blick kennengelernt.

Nie zuvor hatte man in Walding dieses für ein junges Säugetier völlig untypische Verhalten beobachtet. Das Fohlen war den ganzen Nachmittag lang nicht von mir wegzubringen, es ist lange Zeit nicht einmal zu seiner Mutter trinken gegangen. Natürlich hat auch dieses Mal meine Freundin Jutta die Begegnung fotografisch festgehalten. Die neuen Bilder waren nahezu identisch mit jenen von Akim und mir. Für mich fühlte es sich so an, als wäre meine erste Kamelliebe wieder zu mir zurückgekehrt.

Doch nachdem mein Herz bereits „Ja" gesagt hatte, meldete sich mein Gehirn. Was sollte ich machen? Spielten mir meine Sinne aufgrund der Trauer um Akim einen Streich? Ich handelte vernünftig, trennte mich von dem entzü-

ckenden kleinen Max und fuhr nach Hause. Aber es war schon zu spät! Der Gedanke an das flauschige Kamelbaby mit den seelenvollen Augen, das mich sowohl im Aussehen als auch im Charakter so sehr an meinen geliebten Akim erinnerte, verfolgte mich Tag und Nacht. Musste ich widerstehen? Oder sollte ich dem Ruf des Schicksals folgen?

Letztlich konnte ich einfach nicht anders: Ich fuhr zurück nach Walding und kaufte meinen Max. Wir überlegten hin und her, was für den nun schon vier Monate alten Kamelbuben wohl das Beste wäre, und so beschloss ich, ihn nicht von seinem Halbbruder zu trennen. Also erstand ich den um vier Tage jüngeren Moritz gleich mit.

Sofort begannen wir mit dem Training, um den beiden das Einsteigen in den Hänger und den Transport zu erleichtern. Sie lernten brav an der Hand zu gehen sowie sich auf Kommando hinzulegen und wieder aufzustehen. Im Alter von sieben Monaten holte ich meine beiden Lieblinge zu mir auf den Hof und war überglücklich.

Das tolle Wesen von Max hat sich bis heute erhalten, er ist Akim wirklich unglaublich ähnlich, genauso anhänglich, neugierig und verschmust. Er ist unser „Empfangskamel": Jeder der den Stall betritt, wird gleich von Max begrüßt, wo hingegen Moritz eher scheu ist und eine Weile zurückhaltend bleibt, wenn er jemanden nicht kennt.

Im Alter von drei Jahren begannen wir mit dem Reittraining, was wirklich viel Geduld erforderte. Kamele sind, im Unterschied zu Pferden, sehr schwer zu überzeugen und wehren sich vehement gegen alles Neue. Meine sonst so sanften, aber auch bereits sehr stattlichen Kamelbuben setzten sich mit Tritten und Spucken vehement zur Wehr. Mir war es sehr wichtig, dass die Ausbildung völlig gewaltfrei über die Bühne ging, und so zog ich erfahrene Kameltrainer zu Rate. Mit viel Üben und der Belohnung kleinster Schritte in die richtige Richtung, gelang es uns immer besser, die Kamele soweit umzustimmen, dass sie sich einen Sattel auflegen ließen und einen Reiter auf ihrem Rücken duldeten.

Wir konstruierten auch einen eigenen Behandlungsstand für den Tierarzt, weil diese Tiere trotz ihres sanften Wesens doch recht wehrhaft sind, wenn sie sich bedroht fühlen. Es wäre für den Veterinär viel zu gefährlich, notwendige Untersuchungen und Behandlungen ohne Schutzvorrichtung durchzuführen. Dazu muss man wissen, dass Kamele im Unterschied zu einem Pferd vier Kugelgelenke haben und somit mit einem Radius von dreihundertsechzig Grad in alle Richtungen austreten können. Damit sind sie schon sehr gut ausgerüstet. Wenn das den vermeintlichen Feind noch immer nicht in die Flucht schlägt, beißen sie durchaus kräftig zu oder speien ihm ihren Mageninhalt ins Gesicht. Wer schon einmal von einem Kamel angespuckt worden ist – Wolf-

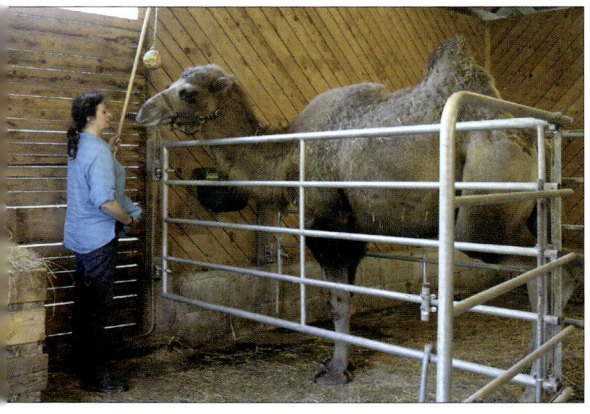

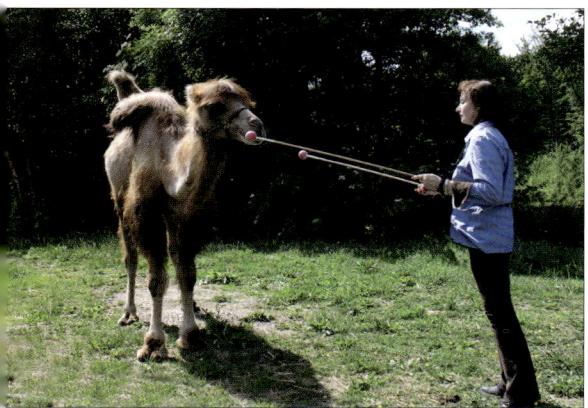

gang, mein tapferer Tierarzt, kann ein Lied davon singen – wird den Gestank niemals vergessen. Dieser vergorene Mageninhalt hat einen Geruch, dass man sich nur noch stundenlang duschen und umziehen kann.

Wir haben unsere klugen Kamele damals auf dieselbe Weise trainiert, mithilfe derer man sich im Tiergarten Schönbrunn mit den Elefanten verständigt: dem Clicker-Training. Es ist unglaublich effektiv und lässt die Tiere auch nach einer längeren Trainingspause die Befehle perfekt ausführen.

Der „Herr der Elefanten" des Wiener Zoos, Mathias Otto, war damals oft bei mir und hat mir alles gezeigt. Es ist faszinierend, wie schnell die Tiere bei dieser Trainingsmethode lernen. So gehen meine beiden Kamelbuben jetzt völlig problemlos von selbst in den doch recht engen Behandlungsstand, auch wenn sie wissen, dass gleich etwas Unangenehmes auf sie zukommen könnte.

Im Herbst kämme ich täglich Unmengen der schönen Wolle von meinen beiden stattlichen Kamelen aus. Ich lasse sie spinnen und trage mit Stolz so manche Jacke oder Haube aus der warmen, weichen Wolle meiner beiden Lieblinge.

Max und Moritz sind intelligente und verschmuste Tiere, die mein Herz jedes Mal mit Freude erfüllen, wenn ich sie zufrieden wiederkäuen sehe, ihre weichen Nasen streichle oder mit ihnen trainiere. Der Geist meines geliebten Akim ist in ihnen immer noch lebendig.

Kamele haben, auch wenn sie zu den Paarhufern gehören, keine Hufe, sondern zwei Zehen und eine dicke Hornhaut an den Sohlen, die durch Fett und Muskeln gut gepolstert ist. Sie gehen auf sogenannten Schwielen und treten dabei sehr großflächig auf, was ihnen in einer Wüsten- oder Dünenlandschaft natürlich sehr gelegen kommt. Kamele sind somit perfekt für ihre natürlichen Lebensräume ausgestattet. Zur zoologischen Familie der Kamele gehören auch Lamas, Alpakas und Vikunjas.

Kamel ist nicht gleich Kamel.
Trampeltiere, auch Baktrische Kamele genannt, stammen aus der Mongolei, China und Sibirien und sind mit zwei Höckern ausgestattet. Sie sind an raue und kalte Witterungsbedingungen und karge Nahrung gewöhnt.
Dromedare sind arabische Kamele und haben nur einen Höcker. Sie benötigen eine wärmere Umgebung und sind hervorragend an heiße, trockene Wüstengebiete angepasst. Die Höcker von Kamelen sind keine Wasser-, sondern Fettspeicher.
Die Lebenserwartung von Trampeltieren und Dromedaren beträgt zwischen 40 und 50 Jahren.

Kamelwolle stellt eine der wertvollsten Materialien überhaupt dar, da sie besonders warm, leicht und weich ist. Diese hervorragenden Eigenschaften besitzt sie, weil sie die Tiere vor den extremen Temperaturschwankungen in der Wüste schützen muss. Die Wolle wird von Trampeltieren gewonnen und im Frühjahr während des Fellwechsels ausgekämmt oder geschoren

4 Esel wider Willen

Golden Delicious

Als eines Tages ein ungarischer Kollege meinem langjährigen Freund und Tierarzt Janos von einer jungen Eselstute berichtete, die sich in einem katastrophalen Zustand befand, machten wir uns sofort auf den Weg nach Ungarn. Nach sechs Stunden Fahrt mit dem Pferdetransporter kamen wir endlich in dem kleinen Dorf im Süden des Landes an. Es lag fernab der Zivilisation, die staubige Luft vibrierte in der Mittagshitze und kein Mensch befand sich auf der Straße – die ganze Situation war irgendwie gespenstisch. Nach langer Suche fanden wir das verfallene Gehöft, begrüßten rasch den Eigentümer und betraten dann vorsichtig den finsteren Erdstall, in dem wir von einem nervösen Scharren begrüßt wurden.

Unter uns zeichneten sich im Halbdunkel die Umrisse zweier Kühe ab, die mit gesenkten Köpfen und gebrochenem Lebenswillen in einer Ecke standen. Zwischen den Wiederkäuern eingepfercht befand sich eine kleine braune Eselstute, halb verhungert und völlig verschmutzt. Ihr Anblick versetzte mir einen Stich ins Herz. Sogar von meinem Standpunkt aus, mindestens 20 Meter Luftlinie entfernt, konnte ich ihre Rippen zählen. Ich wollte mir gar nicht ausmalen, welches Martyrium die Tiere auf diesem Gehöft schon hatten erleiden müssen. Wir stiegen hinunter und standen wenige Augenblicke später knöcheltief in stinkendem, schmutzigem Stroh. Janos, mein Tierarzt, drängte sich gleich an mir vorbei und näherte sich der schmächtigen Eselin. Er sprach auf Ungarisch mit ihr, ganz leise und ruhig, damit sie nicht in Panik verfiel und erkannte, dass wir in Frieden gekommen waren und ihr helfen wollten. Über eine Stunde lang bemühten wir uns, ihr die Welt da draußen ein wenig schmackhaft zu machen, und ermutigten sie, sich doch wenigstens einen kleinen Schritt in Richtung Freiheit zu wagen. Doch alle Versuche, das kleine zarte Eselchen aus seinem Gefängnis ans Licht zu befördern, scheiterten kläglich. Es tat, was Esel eben so tun, stemmte die dünnen Beinchen in den Boden und bewegte sich vor Angst keinen Millimeter vorwärts.

Ich wurde langsam nervös. Draußen stand der alte Landwirt und überwachte mit Argusaugen unser Treiben.

„Janos, kannst du sie vielleicht tragen?" Hoffnungsvoll blickte ich meinen Freund durch die Dunkelheit an. Es schien nichts anderes übrig zu bleiben. Sein Nicken war kurz und knapp. Er holte den Bauern, und gemeinsam hoben die beiden Männer die kleine Eselin hoch und beförderten das panisch strampelnde Häufchen Knochen über die Stiege hinauf in den Hof.

Kaum das Tageslicht erblickt, hatte die magere Eseldame nur einen Gedanken – Flucht! Mit vereinten Kräften hielten wir sie fest, während Janos die Erstuntersuchung vornahm. Das verschreckte Tier hatte eine stark deformierte Nase und unzählige blutverkrustete Wunden an Hals und Rücken, die wie Striemen über ihr verdrecktes Fell liefen und teilweise stark entzündet und geschwollen waren.

Ihr skrupelloser Besitzer klopfte mir auf die Schulter und zeigte mir einen Wagen, bis oben hin mit Holz beladen. Den könne der Esel ziehen, und deshalb wäre der astronomisch hohe Preis für die Stute mehr als gerechtfertigt, gab er uns zu verstehen. Als er meinen ungläubigen Blick bemerkte, holte er zu meinem Entsetzen eine lange Peitsche vom Kutschbock, in die er alle zwei Zentimeter den Stachel eines Stacheldrahtes eingeflochten hatte. Damit würde er dem kleinen Esel von hinten zwischen den Ohren hindurch auf die empfindliche Nase schlagen, erzählte er uns stolz und wollte es sofort demonstrieren. Natürlich hinderten wir ihn daran – am liebsten hätte ich die Peitsche selbst ausprobiert, allerdings nicht an dem Tier. Dieser Mensch war mir zutiefst zuwider! Wie konnte man nur so grausam sein? Doch damit nicht genug – er wollte uns auch noch beweisen, dass die schmächtige Eseldame den Karren tatsächlich ziehen konnte und lief mit langen Schritten auf das verzweifelt ausschlagende Tier zu.

„Aber das kommt doch überhaupt nicht in Frage!", schrie ich und baute mich schnell zwischen Esel und Bauer auf. Mit entschlossener Miene warf ich ihm dabei einen eisigen Blick zu, um ihm zu zeigen, dass es mir ernst war. Da hielt er ganz gelassen die Hand auf und ich bezahlte mit einem empörten Schnauben den unrealistisch hohen Preis, den er verlangte. Aber ich wollte einfach nur noch weg, diesem Hof des Grauens den Rücken kehren und vor allem die Eselin endlich in Sicherheit bringen. Als wir das völlig verängstigte Tier endlich verladen hatten, beschloss ich, es aufgrund seiner Schwäche direkt in die Vetmeduni in Wien (die einzige veterinärmedizinische, akademische Bildungs- und Forschungsstätte Österreichs) zu bringen – wenn sie bis dahin überhaupt noch lebte! Die kleine Eselin war völlig außer sich und wusste nicht, was in dem Moment mit ihr passierte. Sie befand sich kurz davor, aufzugeben, das sah ich ihr an.

Die mehrstündige Fahrt zurück nach Hause war eine der aufregendsten meines Lebens. Ich fuhr verbotenerweise hinten im Pferdeanhänger mit, ließ die kleinwüchsige Eseldame nicht aus den Augen und sprach ihr Mut zu, so gut ich konnte. Und siehe da, wir schafften es ohne gröbere Zwischenfälle noch rechtzeitig nach Wien in die Vetmeduni. Dort angekommen, erhielt ich die Diagnose: Durch die vielen Peitschenhiebe war der Nasenknorpel der etwa zweijährigen Stute aufgeplatzt und stark infiziert, was eine sofortige Operation nötig machte. Zudem war sie schwer unterernährt und voller Parasiten jedweder Art. Ich veranlasste sofort alles Nötige, und mein kleiner Schützling wurde von diesem Moment an bestens versorgt. Wir tauften das Tier Pantschi, weil das angeblich ein geläufiger Name für Esel in Ungarn ist.

Meine kleine Eselin konnte anfangs keinem Menschen trauen. Zu schlecht waren die Erfahrungen, die sie schon in ihrem jungen Leben hatte machen müssen. Sie reagierte panisch auf jede Art von Berührung. Ich besuchte Pantschi täglich in der Klinik und versuchte behutsam, ihr Vertrauen zu gewinnen. Leider mit nur mäßigem Erfolg.

Als ich Pantschi nach drei Wochen schließlich zu mir nach Hause nehmen konnte, wohnte sie anfangs gemeinsam mit Mirabell, meiner Fjordstute, in einem Laufstall mit großer Weide. Frei auf der Wiese hielt sie immer noch eine kritische Distanz von etwa dreißig Metern zu allen Menschen. Näher wollte sie partout nicht herankommen. An meine besonders ruhige und gutmütige Stute Mirabell gewöhnte sich die kleine Eselin jedoch sehr rasch.

Ich entschloss mich zu einer List und ritt auf meiner Stute gemächlich im Schritt auf der Weide umher. Schon am zweiten Tag kam Pantschi langsam näher und folgte uns mit nur noch wenigen Metern Abstand. Ich ließ eine Hand mit einer Karotte herunterhängen, und wenig später fraß sie mir das erste Mal vorsichtig aus der Hand. Das Eis war gebrochen! Danach fasste Pantschi erstaunlich schnell Vertrauen zu mir und auch zu anderen Menschen. Rasch verstand meine kleine Eselin, dass ihr nichts Böses mehr drohte.

Das zarte Eselchen stellte sich nicht nur als unglaublich lieb und anhänglich, sondern auch als sehr klug heraus und überraschte mich mit seinem aufgeweckten und herzlichen Wesen. Pantschi erfasste die zu ihrem Besseren veränderte Situation sehr bald und wurde durchaus anspruchsvoll, beispielsweise spuckte sie mir einen dargebotenen Apfel einfach wieder vor die Füße. Wie sich nach einigen Versuchen herausstellen sollte, fraß die Eselin nämlich nur Äpfel der Sorte Golden Delicious. Ich vermute, dass ihr die anderen einfach zu sauer waren, denn bei ihrer Sortenwahl ist sie bis heute geblieben. Nach erstaunlich kurzer Zeit hatte ich eine kleine Lady vor mir. Von den anderen Eseln, die bei mir lebten, wollte sie absolut nichts wissen. Sie weigerte sich, sehr zu meinem Amüsement, mit ihresgleichen zu verkehren und hielt sich offenbar für ein feines Reitpferd.

Meine Pantschi, ein kurzbeiniges und etwas langohriges edles Ross, trug jeden Cowboyhut und jede Indianerfeder, die ihr mein damals vierjähriger Sohn

Clemens zwischen die Ohren steckte, mit stolzgeschwellter Brust. Sie wurde zu seinem ersten „Reit-pferd" und kümmer-te sich rührend um ihn. Stundenlang trug sie Clemens ge-duldig durch Wald und Wiese. Auch die kleinen Freunde meines Sohnes aus dem Kindergarten zeigten sich von dem süßen Eselchen begeistert. Endlose Streichel- und Bürsteinheiten waren der Dank – und natürlich Unmengen Äpfel der Sorte Golden Delicious.

Selbst heute noch, mit ihren 30 Jahren, ist meine Pantschi fest davon über-zeugt, ein Pferd zu sein, und meine gutmütigen Noriker lassen sie gerne in dem Glauben. Sie hat sich ihren anhänglichen Charakter bis heute bewahrt, und

ebenso ihren Stolz. Die schlaue Pant-schi ist bei uns im Stall für ihre lustigen Streiche bekannt. Selbstständig öffnet sie Türen, räumt gerne Taschen und Körbe aus und frisst schon mal den Pfer-den das Futter aus ihrem Trog.

Esel können über 40 Jahre alt werden. Sie besitzen wesentlich härtere Hufe als Pferde, da sie aus kargen, steinigen Gebieten stammen. Fast alle Tiere haben ein Eselskreuz in Form eines Aalstrichs auf dem Rücken und über die Schultern, zebraartige Streifen an den Beinen, einen weißen Bauch und weißes Fell um das Maul und um die Augen herum. Am Ende des Eselschweifs befindet sich eine Quaste.

Der Unterschied zwischen Esel und Pferd in der Haltung ist, dass Esel wesentlich kälteempfindlicher und zudem viel bessere Futterverwerter sind. Man darf ihnen also nicht zu hochwertige Nahrung verabreichen, da sie sonst sehr leicht Stoffwechselprobleme bekommen und stark verfetten. Esel reagieren sehr empfindlich auf Feuchtigkeit.

Esel stellen besonders sichere Reittiere für Kleinkinder dar, da sie in Schrecksituationen wie angewurzelt stehen bleiben und nicht panisch flüchten wie Ponys oder Pferde. Sie zeigen kaum Fluchtreaktionen und schätzen erst einmal in Ruhe die Situation ein. Dieses kluge Verhalten hat den Eseln fälschlicherweise den Ruf eingebracht, stur zu sein. Esel sind kommunikativer als Pferde und daher ideale Therapietiere.

5 K(l)eine Schweinerei!

Rosi, mein „Teacup Pig"

Bei Rosi handelte es sich um ein winziges schwarzes Ferkel mit vier weißen Söckchen. Sie wog dreihundertfünfzig Gramm, als sie zu mir kam. Angeblich war sie schon acht Wochen alt und ein echtes Minischwein. Als ich sie in meinen Armen hielt und Rosi hungrig an meinen Fingern nuckelte, begann ich jedoch, daran zu zweifeln. Da sie auch jegliche feste Art der Nahrung verweigerte, war sie höchstens drei Wochen alt und somit noch ein echtes Baby. Also nahm ich das Ferkelchen zu mir ins Haus und zog es mit dem Fläschchen groß.

Rosi lief bei ihrem Einzug völlig unerschrocken auf meinen damaligen Rottweiler-Rüden Oskar zu, schnupperte ihn gründlich ab und kuschelte sich auch gleich mit einem zufriedenen Grunzen zwischen seine Pfoten. Auch von meinen anderen Hunden wurde sie bald als Rudelmitglied akzeptiert und lief überallhin mit. Rosi wurde schneller stubenrein als jeder Hundewelpe, marschierte brav an der Leine und liebte es, mit den Hunden spazieren zu gehen oder mit mir im Auto zu fahren. Es war ein Leichtes, ihr Kommandos wie „Sitz", „Platz" oder „Gib Pfote" beizubringen. Mein kleines Schweinchen genoss es, zwischen den Hunden auf dem Sofa zu liegen, und schon bald hatte es ganz den Anschein,

als hielte es sich selbst für einen Hund. Vor allem mein Rottweiler Oskar hatte das kleine Ferkel schnell ganz fest ins Herz geschlossen. Er spielte stundenlang mit ihr, putzte sie und ließ sie dicht an ihn gekuschelt schlafen. Wenn der kleinen Rosi irgendetwas unheimlich vorkam, lief sie schnell laut quiekend zu ihrem Beschützer und stellte sich unter seinen Bauch. Fremde taten gut daran, erst Oskar zu fragen, wenn sie seinen kleinen Schützling streicheln wollten.

Auch bei der Hausarbeit half meine Rosi immer fleißig mit. Kaum war der Geschirrspüler offen, kroch sie zur Gänze hinein und machte sich sofort daran, geräuschvoll die Teller und Tassen zu reinigen, natürlich ohne Rücksicht auf Verluste. Auch die Müllentsorgung hielt sie für ihre ureigene Aufgabe: Sie verteilte den Mist am Küchenboden, durchsuchte alles akribisch mit ihrem Rüsselchen und führte einen großen Teil gleich der biologischen Selbstverwertung zu. Meine Putzfrau rief mich einmal entsetzt zu Hilfe, weil meine Küche und mein Schwein ein einziges Blutbad seien. Irgendwie war es Rosi gelungen, ein dickes Glas Himbeermarmelade vom Küchentisch zu holen und sich abwechselnd darin zu suhlen und die Marmelade vom Boden aufzulecken. Ein einziges rotes, zuckriges, klebriges Schlachtfeld!

Wenn ich Rosi dann einmal aus dem Haus scheuchte, machte sie sich unverzüglich an die Gartenarbeit und tat, was Schweine eben tun. Den ihr eigens zugedachten Bereich zum Buddeln und Suhlen ignorierte sie dabei natürlich völlig. Nur selten brachte ich es übers Herz, das empört quiekende Schweinchen in ihrem Gartengehege einzusperren, also pflügte sie mit ihrem Rüssel den gesamten Garten um, grub Pflanzen und Wurzeln aus und kostete mal hier und mal da von meinen Ziersträuchern. Wenn sie irgendwo ein bisschen Matsch fand oder ein Loch graben konnte, um eine neue Suhle zu bauen, war sie das glücklichste Schweinchen der Welt. Ganz besonders liebte Rosi Blumentöpfe und Blumenbeete. Alles was schön bunt in der Sonne leuchtete,

wurde von ihr mit viel Freude in den Äuglein umgemäht, der Boden dabei von unten nach oben geackert. Einmal in Fahrt, schob sie meine Gartenmöbel und Klappsessel wie ein kleiner Bulldozer durch die Wiese. Zuerst hin und dann wieder zurück, und dann begann sie ihr Spiel von Neuem.

In vielen Bereichen verhielt sie sich genau wie meine Hunde, mit dem Unterschied, dass die ihr Wasser artig aus der Schüssel schlabberten, bei meiner Rosi hingegen gleich der ganze Kübel durch die Küche flog und danach alles unter Wasser stand. Jeden Nachmittag begleitete mich mein kleines Ferkel zu den Pferden, Eseln und Kamelen in den Stall. Rosi genoss die Freiheit im Wald und auf den Weiden, badete in den Teichen und stahl den Hühnern das Futter unter dem Schnabel weg. Einmal, daran erinnere ich mich noch gut, war ich mit dem kleinen Schweinchen und all meinen Hunden im Wald spazieren. Als wir zu einer kleinen Jagdhütte kamen, sah ich davor ein paar Waidmänner an einem Tischchen bei einem Stamperl stehen. Sie waren wohl gerade dabei, die nächsten Aktionen im Revier zu besprechen. Gerade in dem Moment, als ich mit meinen Hunden und der kleinen Rosi vorbeigehen wollte, schoss ein kleiner Rauhaardackel aus der Hütte und ging auch gleich auf meinen Rottweiler Oskar los. Natürlich hielt ich meinen mehr als viermal so großen Vierbeiner ganz kurz an der Leine, damit er dem Dackel nichts antun konnte. Allerdings hatte ich nicht mit meinem klugen und tapferen Ferkelchen gerechnet. Blitzschnell schoss Rosi zwischen Oskars Vorderpfoten durch und attackierte wütend diesen Dackel, der sofort sein Heil in der Flucht suchte. Als wäre der Teufel hinter ihm her, flitzte er so schnell er konnte zurück in die Hütte und versteckte sich unter der Eckbank im hintersten Winkel neben dem Ofen. Das Gejohle und das Lachen der Jäger hab ich noch heute im Ohr. „Na, als Sauhund kannst du den aber nicht mehr verwenden!", rief einer grölend und klopfte seinem Kollegen mitfühlend auf die Schulter, der verdutzt nach seinem Dackel rief. Natürlich haben mich die Waidmänner gleich auf ein Stamperl eingeladen, meine tapfere Rosi ausgiebig bewundert und mit allem gefüttert, was sie bei sich trugen. So hat also dieses kleine Schweinchen mit dem Herz eines Löwen seinen heißgeliebten Rottweiler verteidigt.

Rosi wuchs und wuchs. Als sie eine für ein Minischwein schon sehr untypische Größe erreicht hatte, versuchte ich, sie in den Stall umzuquartieren, um wieder etwas Normalität in meinen Haushalt einkehren zu lassen. Doch ich hatte die Rechnung ohne mein kluges Schwein gemacht. Kaum näherte ich mich dem Auto zur Heimfahrt, stand Rosi schon freudig grunzend und mit wackelndem Schwänzchen vor mir. Sie bestand vehement darauf, mit mir und den Hunden wieder mit nach Hause zu kommen.

Also versuchte ich es in kleinen Schritten, fuhr anfangs nur kurz weg und kam dann schnell wieder zurück. Aber jedes Mal wartete Rosi herzzerreißend quiekend am Tor, voll der Verzweiflung und Empörung, und wollte sich überhaupt nicht mehr beruhigen. Von uns beiden hatte eindeutig Rosi den längeren Atem, also lebten wir weiterhin in trauter häuslicher Gemeinschaft. Als mittlerweile ausgewachsene Sau war mein „Minischwein" zu diesem Zeitpunkt schon deutlich größer als mein Rottweiler und aus tiefster Seele davon überzeugt, ein Hund zu sein. Den damaligen Zustand von Haus und Garten möchte ich gar nicht beschreiben.

Meine Rettung kam schließlich in Form eines kleinen rosa Ferkels namens Rudi, das man auf der Westautobahn ausgesetzt und die Polizei eingefangen hatte. Bei einem Anruf im Tiergarten Schönbrunn riet man den Exekutivbeamten, das Ferkel zu mir zu bringen. Ich staunte nicht schlecht, als plötzlich ein Funkstreifenwagen bei mir vor der Stalltüre stand, und erforschte sogleich mein Gewissen: Mal wieder etwas zu schnell unterwegs gewesen? Aber nein, die Beamten wollten mich nicht für eine Straftat zur Rechenschaft ziehen, sondern drückten mir kurzerhand ein kleines zappelndes und laut quiekendes rosa Ferkel in den Arm. An seiner kurzen, eingedrückten Nase hatten die Polizisten sofort erkannt, dass es sich bei dem ausgesetzten Burschen um kein normales Hausferkel handelte. Ich gab den kleinen Eber erst einmal in eine Pferdebox ins kuschelige Stroh. Rosi war weit weg auf einer Waldkoppel, um nach Wurzeln zu graben. Kaum vernahm sie jedoch ihre Muttersprache, kam sie schon im vollen Schweinsgalopp angelaufen. Mit lautem Grunzen und Quieken begrüßten sich die beiden Schweine, als würden sie sich von früher kennen, hätten sich dann aber aus den Augen verloren und gerade eben wiedergefunden.

Ich taufte unseren Neuzugang Rudi. Der Kleine wurde sofort von Rosi adoptiert. Sie kümmerte sich rührend um das rosa Ferkel und hatte von da an verständlicherweise keine Zeit mehr, um mit mir nach Hause zu fahren – konnte sie doch ihren Schützling keinesfalls alleine lassen. Ich zog also auch mein zweites Schweinchen, den kleinen Rudi, mit der Flasche groß, alle anderen Aufgaben übernahm Rosi und erfüllte sie äußerst gewissenhaft.

Meine beiden Flaschenkinder wurden zu wirklich stattlichen großen Schweinen und lebten glücklich und frei auf dem ganzen Gelände meines Stalls. Sie gruben und wühlten nach Herzenslust im Wald, suhlten sich freudig grunzend an den Ufern der Teiche und bearbeiteten, sehr zu meinem Leidwesen, auch fleißig den Sand meines Reitplatzes. Im Sommer verlangten sie täglich nach dem Duschen auf dem Pferdewaschplatz eine ausgiebige Bürstenmassage.

Meine Rosi war besser als jeder Wachhund. Das Eingangstor zu meinem Hof hätte sie bis aufs Blut verteidigt. Da kam es immer wieder zu heiteren Begebenheiten.

Beispielsweise wird einmal im Jahr bei mir der Strom abgelesen. Der Zähler steht in der Nähe des Zaunes, sodass der Angestellte meines Stromanbieters ohne Termin vorbeikommen und selbstständig den Wert notieren kann. Doch eines Tages läutete bei mir das Telefon und man erteilte mir mit nicht ganz beschwerdefreier Stimme die Auskunft, dass man nicht in der Lage sei, an die Zahlen heranzukommen.

Verwundert fragte ich die Anruferin: „Wo ist das Problem, Sie machen das doch jedes Jahr?" Die Dame erklärte mir daraufhin, dass der Mitarbeiter bereits zweimal vor Ort gewesen war, den Wert aber immer noch nicht hatte ablesen können. Ich beharrte auf der Tatsache, dass eben dieser Vorgang doch seit über zehn Jahren reibungslos funktionierte und ich nicht verstehen konnte, wo das Problem lag.

„Warten Sie einen Moment, ich hole mir das Journalblatt", meinte die Dame am anderen Ende der Leitung. Nach wenigen Herzschlägen las sie mir vor, was der Mitarbeiter handschriftlich dort vermerkt hatte: „Das Schwein hat mich nicht hinein gelassen!" Als ich das hörte, musste ich herzlich lachen. Das klang ganz nach meiner Rosi! Ich bat sie spaßeshalber, mir das Blatt zu faxen, und vereinbarte natürlich auch gleich einen neuen Termin zum Stromablesen, bei dem ich vor Ort sein wollte. Auf meine Rosi war eben Verlass!

Ich weiß auch noch, wie ich an einem Nachmittag in den Stall kam und einen Mann mit Fotoausrüstung hoch oben auf einem meiner Strohrundballen hocken sah. Er schien etwas blass um die Nase, und unter ihm stand mein wütend quiekendes Schweinchen. Auf meine harsche Frage, was er denn auf meinem Strohballen mache, erklärte er mir etwas peinlich berührt, dass er Fotos von den Tieren schießen wollte. Dass er mich auf meinem Privatgrund erst um Erlaubnis hätte fragen müssen, war ihm wohl nach dem ersten Schritt auf mein Gelände klar geworden, als meine Rosi ihn den Strohballen hinauf gejagt hatte. Bei meinem Eintreffen befand er sich schon über zwei Stunden dort oben. Auch jetzt noch muss ich schmunzeln, wenn ich daran denke, dass er ohne mein Einschreiten wohl heute noch dort hocken würde.

Pflichtbewusst vertrieb meine Rosi also jeden Fremden von unserem Tor, was ihr den Spitznamen „Frau Direktor" eintrug. Rudi überließ ihr diese Aufgabe gerne und kümmerte sich stets nur um sein eigenes Wohlergehen.

Zum Schlafen hatten sich meine beiden Schweine eine gemütliche Ecke im offenen Stall bei meinen Norikern ausgesucht, die sie auch problemlos akzeptierten, zumal sich Rosi auch den Pferden gegenüber Respekt zu verschaffen wusste. Sobald es dämmerte, sah man die beiden Schweinchen emsig mit frischen Strohbüscheln im Maul herumlaufen. Jeden Abend aufs Neue bauten sie sich ein sauberes Nest, in dem sie sich eng zusammenkuschelten und schließlich einschliefen. Wenn ich an die Schweine in der Massentierhaltung denke, überkommt mich das Grauen, weil ich durch meine Rosi und meinen Rudi weiß, über welch reiches Verhaltensrepertoire diese hochintelligenten Tiere verfügen. Sie legen allergrößten Wert auf Sauberkeit und laufen ganz weit weg, um ihre Notdurft zu verrichten, da sie dank ihrer hervorragenden Nase extrem geruchsempfindlich sind. Die beiden Schweine konnten sich bei mir ihren Tagesablauf völlig frei gestalten, und es war wunderschön, ihnen dabei zuzusehen. Den Gestank von großen Mastbetrieben hingegen riecht man schon von Weitem. Wie entsetzlich qualvoll muss ein so kurzes, stressvolles und dreckiges Leben für diese gescheiten sensiblen Tiere sein.

Rosi und Rudi starben beide jeweils im Alter von sechzehn Jahren. Sie schliefen friedlich in ihrem Strohbett ein. Ich vermisse sie immer noch, doch sie leben in den lustigen Geschichten, die noch heute von ihnen erzählt werden, weiter.

Lilly und Tussi

Lange hielt ich es nicht aus ohne Schweinegesellschaft. Es war einfach nicht mehr dasselbe auf meinem Hof, ohne meine klugen Rüsseltiere und ihre lustigen Streiche.

So zogen nicht ganz ein Jahr nach dem Verlust von Rosi und Rudi die beiden entzückenden Schweinedamen Lilly und Tussi aus Tirol bei mir ein.

Meine Tussi ist rosa mit schwarzen Punkten und Lilly ist schwarz-weiß gefärbt. Lilly ist in jeder Hinsicht leicht zufriedenzustellen, aber Tussi macht ih-

rem Namen alle Ehre. Beim Futter war sie von Anfang an extrem heikel. Dass Schweine sogenannte Allesfresser sind, hat sie noch nie gehört. Sie liebt Obst und Pferdeleckerlis und ist nur schwer davon zu überzeugen, gelegentlich Gemüse oder geschrotetes Getreide zu sich zu nehmen.

Lilly und Tussi sind sehr gescheite und pfiffige Schweinemädchen und lernten schneller als jeder Hund. Sie kommen sofort angelaufen, wenn ich nach ihnen rufe, und Kunststücke wie „Sitz!", „Platz!" oder „Gib Pfote!" haben sie innerhalb von maximal 30 Minuten in ihr Repertoire aufgenommen. Mit den beiden cleveren Damen haben wir es immer sehr lustig.

Lilly und Tussi genießen es, gekrault zu werden und werfen sich gleich auf den Rücken, damit auch das süße rosa Schweinebäuchlein Krauleinheiten abbekommt.

Natürlich sind diese beiden Schweinchen ebenfalls immer zu Streichen aufgelegt, und so empfiehlt es sich nicht, auf meinem Hof die Autotür offen stehen oder Korb, Tasche oder Ähnliches aus den Augen zu lassen. Alles wird akribisch durchwühlt, großflächig verteilt oder gleich ganz weggetragen und für später irgendwo gebunkert. Es ist unglaublich, was Schweine so alles brauchen können.

Mit den anderen Tieren auf meinem Hof kommen auch Lilly und Tussi gut zurecht. Alle werden täglich besucht, und natürlich erfolgt dabei eine genaue Kontrolle, ob nicht etwas Brauchbares vom Futter der Stallgenossen zu holen ist.

Lilly und Tussi reiben sich genüsslich an Pferdebeinen und kuscheln sich im Winter auch gerne an ein liegendes Kamel mit seiner warmen Wolle. Mit meinem grauen Zwergesel Julius spielt Lilly begeistert Fangen auf der Weide. Tussi ist mehr die Freundin meines gutmütigen Rottweilers Paulus, Oskars Nachfolger. Sie spielt begeistert mit seinem überall herumliegenden Hundespielzeug, und er lässt sie großzügig gewähren.

Hühner und Schweine sind naturgemäß immer die besten Freunde, ist doch das herumliegende Hühnerfutter eine wahre Delikatesse für meine beiden Mädchen.

Immer wieder wurden vom ORF im Lauf der Jahre Fernsehbeiträge über die Tiere auf meinem Hof gedreht. So spielten auch schon Lilly und Tussi die

Hauptrolle in einer Sendung über private Schweinehaltung und zeigten sich von ihrer besten Seite. Lilly ist diejenige, die mich am meisten an meine Rosi erinnert. Ihren wachsamen Augen entgeht nichts. Sogar unsere Futtervorbereitungen in der Stallküche beobachtet sie genau, indem sie den Kopf einfach durch das Katzentürl steckt.

Lilly und Tussi sind jetzt zwei Jahre alt und ich hoffe noch auf viele lustige Abenteuer mit ihnen.

Schweine verständigen sich untereinander mit zwanzig verschiedenen Lauten. Sie haben mehr Riechzellen in der Nase als Hunde und können Trüffel bis zu 50 Zentimeter unter der Erde erschnüffeln. Schweine verfügen außerdem über einen sehr feinen Geschmackssinn, legen besonderen Wert auf Sauberkeit und können Kunststücke schneller erlernen als Hunde.

Minischweine werden etwa 65 Kilo schwer und haben eine Lebenserwartung von 15 Jahren. Ihre Geschlechtsreife erlangen sie mit neun Monaten. Und sie können zwei Mal im Jahr nach viermonatiger Tragezeit zehn bis zwölf Ferkel gebären. Schweine sind Allesfresser.
Minischweine erkennt man an ihrem geraden Schwanz, sie haben kein Ringelschwänzchen wie ihre großen Verwandten.

Minischweine sind keine Wohnungstiere! Egal wie groß – ein Schwein will Schwein sein und graben, wühlen und suhlen. Die klugen Tiere brauchen ausreichend Beschäftigung und ackern daher einen Garten schnell um. Stellt man ihnen genügend eigenen Platz im Freien zur Verfügung, sind Minischweine kluge und anhängliche Haustiere.

6 Vier weiße Esel

Mit einem Wimpernschlag …

Im Nationalpark Neusiedl werden die stark vom Aussterben bedrohten weißen Barockesel in einem speziellen Programm nachgezüchtet, um diese Rasse zu erhalten. Die wunderschönen weißen Tiere mit den strahlend blauen Augen haben einen ganz besonders geduldigen und anschmiegsamen Charakter, weshalb sie früher bei Hof zum Spielen, Reiten und Kutsche fahren für die kleinen Prinzen und Prinzessinnen eingesetzt wurden. Daher der Name Barockesel.

Mein kleiner weißer Esel Nuffi wurde dort im Nationalpark in Freiheit geboren. Tragischerweise nahm ihn seine Mutter nach der Geburt nicht an und traf ihn mit einem kräftigen Huftritt genau am rechten Auge. Der kleine Kerl war erst wenige Stunden alt und sein Auge grauenhaft zugeschwollen. Er hatte noch keinen Schluck getrunken, als ich von meinem Freund Kurtl, dem Direktor des Nationalparks Neusiedl, um Hilfe gebeten wurde. Sofort mach-

te ich mich auf den Weg in den Seewinkel. Wir durften keine Zeit verlieren!

Als ich Nuffi sah, schwand meine Hoffnung. Das kleine Eselfohlen zitterte am ganzen Körper und hielt seinen Kopf schief vor lauter Schmerzen. Aus dem blauroten dick angeschwollenen Auge tropften unentwegt Tränen, Blut und Eiter. Der arme Esel war so klein, dass er mühelos in den Hundekäfig meines Autos passte. Auf direktem Wege brachte ich ihn zum Tierarzt, wo er mit angewärmten Infusionen und schockgefrorener Erstlingsmilch notversorgt wurde. Diese auch Kolostralmilch genannte Nahrung ist unbedingt nötig, damit ein kleines Fohlen sein Immun-

system aufbauen kann. Zu Hause angekommen, hieß es nun, das kleine Fohlen Tag und Nacht im Zweistunden-Rhythmus zu füttern, warm zu halten, den Bauch zu massieren und vor allem das Auge intensiv zu behandeln.

Hatten wir den kleinen Kerl zu Beginn noch Kurtl, nach dem Direktor des Nationalparks, genannt, bekam er schon sehr bald den Spitznamen Nuffi, weil er wegen der vielen, ständig rinnenden Tränenflüssigkeit so oft niesen musste und es sich immer wie „Nuff-Nuff" anhörte.

Das Auge des Eselchens, das wir anfangs gar nicht sehen konnten, war in einem fürchterlichen Zustand und verursachte ihm starke Schmerzen. Die Zeit zwischen den Fütterungen wurde von regelmäßigen Behandlungen in Form von kühlenden Umschlägen und Augenbädern ausgefüllt.

Doch Nuffi wollte nicht so, wie wir wollten. Er ließ mich nicht einmal in die Nähe seines schmerzenden Auges und widersetzte sich, wo er nur konnte. Als ich mich einmal erschöpft auf eine Gartenliege sinken ließ, die ich in seine Box gestellt hatte, um in der Nacht zwischen den Fütterungen zumindest kurz einnicken zu können, stieg er plötzlich zu mir auf das Bett. Er kuschelte sich der Länge nach auf mich drauf und schlief selig ein. Vorsichtig tastete ich nach dem Gefäß mit dem Augentrosttee und legte einen darin getränkten Wattebausch behutsam auf das geschwollene Auge. Nuffi schüttelte sich kurz, legte den Kopf aber gleich wieder auf meine Brust und ließ sich von nun an pro-

blemlos behandeln – aber eben nur dann, wenn ich auf der Gartenliege lag, und er es sich auf mir bequem machen durfte. Meine Freundin Jutta half mir damals dankenswerterweise bei den stundenlangen täglichen Behandlungen. Sie musste mir alles reichen, lag ich doch unter dem täglich immer schwerer werdenden Eselchen und konnte mich kaum bewegen.

Doch leider erholte sich Nuffis Augenlid nicht mehr und starb ab. Jetzt lag das Auge schutzlos in seiner Höhle und drohte auszutrocknen, nachdem sich das Lid nach einiger Zeit auch noch gänzlich abgelöst hatte. Man sagte mir, dass mein kleiner weißer Esel auf diesem Auge bald blind sein würde, und riet mir, das Auge entfernen zu lassen, um dem Tier unnötige Schmerzen zu ersparen. Da mein Nuffi aber ansonsten putzmunter war und sehr lebhaft und fröhlich herumsprang, konnte und wollte ich diese Behinderung unter keinen Umständen akzeptieren. Mit Augentropfen und Salben hielt ich sein Auge ständig feucht und gab keine Ruhe, bis sich die Tierärzte etwas einfallen ließen. Wir beschlossen, ein Experiment zu wagen. In einer Operation sollte aus der Haut des Stirnlappens ein neues Augenlid rekonstruiert werden. In der Ordination meiner Freundin Andrea wurde, zusammen mit einem Augenspezialisten, der heikle Eingriff schließlich durchgeführt. Ich hatte große Angst vor der Betäubung, weil ich wusste, dass Esel wesentlich narkoseempfindlicher sind als Pferde. Aber alles klappte hervorragend! Die Augenhöhle war wieder geschlossen, das Auge hörte bald auf, zu tränen, und mein schlauer Nuffi lernte schnell, sein Auge nach unten zu drehen, um es auch ohne den natürlichen Lidschlag befeuchten zu können. Die Nachbehandlung verlief für ihn reibungslos, nur ich ächzte oft unter dem Gewicht des nun schon recht schweren Esels, der nach wie vor darauf bestand, es sich mit mir auf der Gartenliege bequem zu machen. Nur so ließ er sich die Augensalbe verabreichen, anders war daran nicht zu denken. Sein hübsches blaues Auge verheilte bestens und wurde voll funktionsfähig. Zum Glück war keinerlei Behinderung für meinen zu diesem Zeitpunkt bereits recht ungestümen kleinen Eselbuben zurückgeblieben.

Nuffi gliederte sich problemlos in die Herde ein und ist bis zum heutigen Tag ein sehr verspieltes und besonders menschenbezogenes Tier, das für mich immer etwas ganz Besonderes bleiben wird. Zudem ist er der einzige Esel, mit dem sich meine Pantschi je angefreundet hat.

Verstoßene Eselkinder

Im Jahr darauf übernahm ich vom Nationalpark Neusiedl innerhalb eines Jahres drei weiße Eselstuten.

Zuerst kam Lisi, die das Schicksal von Nuffi geteilt hatte. Sie war von ihrer Mutter nicht angenommen worden und etwas schwach, als ich sie, erst wenige Stunden alt, übernahm, aber ansonsten zum Glück unversehrt. Sie gewöhnte sich bald daran, ihre Milch zu trinken, und wurde von Tag zu Tag zusehends lebhafter. Nuffi spielte zwar gerne mit ihr, aber der Größenunterschied war anfangs doch sehr groß.

Die kleine Eseldame hatte ein sanftes, etwas zurückhaltendes Wesen und musste sich an fremde Menschen erst langsam gewöhnen. Ich konnte sie daher die ersten Wochen Tag und Nacht nur alleine versorgen, und das weiße Eselchen folgte mir auf Schritt und Tritt. Oft dachte ich, ein gleichaltriges Fohlen zum Spielen wäre wirklich ein Glück für meine Lisi. Nur zu bald sollte mein Wunsch in Erfüllung gehen.

Erneut wurde ich wegen eines kleinen Eselfohlens vom Nationalpark um Hilfe gebeten. Sehr zu meiner Freude, sollte ein zweites Fohlen zu mir ziehen. Zwei Wochen jünger als meine Lisi, war die Kleine problemlos mit ihrer Mutter mitgelaufen und hatte sich gut entwickelt. Im Alter von etwa zwei Monaten fiel die junge Stute, ich nannte sie Lottchen, dann allerdings zu ihrem Unglück in eine Jauchegrube. Die hohen Betonwände dieses schmalen Schachtes machten es dem zarten Tier unmöglich, aus eigener Kraft wieder herauszuklettern. Die Eselmutter lief daraufhin mit der Herde weiter.

Als man mein Lottchen zu mir brachte, zog sich quer über ihre Stirn eine offene, großflächige Wunde, die sie sich, wie man mir erklärte, beim Sturz in den Schacht geholt hatte. Sie musste mit dem Kopf an einer der scharfen, rauen Betonkanten aufgeschlagen sein. Das kleine Eselchen befand sich in einem fürchterlichen Zustand. Abgesehen von der Verletzung waren aufgrund der giftigen Gase in der Jauchegrube ihre Schleimhäute dunkelviolett verfärbt. Wir hatten also neben der Wundversorgung so schnell und effektiv wie möglich die starke Vergiftung zu bekämpfen. Es begann ein dramatischer Wettlauf mit der Zeit. Ich setzte alle Hoffnung in meinen erfahrenen und bewährten Tierarzt Wolfgang, der bei meinen Tieren schon oft so manch aussichtslos scheinenden Fall gerettet hat.

Wir scheuten keine Mühen und blieben Tag und Nacht an Lottchens Seite. Mehrmals täglich musste das Blut im Labor untersucht werden, damit die Vergiftung nicht außer Kontrolle geriet. Würde das kleine Eselchen es schaffen? Würden sich die horrenden Leber- und Nierenwerte rechtzeitig erholen? So lauteten die bangen Fragen, die ich mir in den langen Nächten im Stall stellte, wenn ich auf das kleine, schwache, schneeweiße Fohlen schaute, wie es da im

warmen, weichen Stroh lag und um sein junges Leben rang. Am vierten Tag schlug die Behandlung endlich an. Lottchens Blutwerte begannen, sich langsam zu bessern, und die kleine Stute stand immer fester auf ihren staksigen langen Beinen. Die Wunde begann zu verheilen und mein kleines Eselmädchen zeigte deutlich mehr Appetit. Einmal über den Berg, erholte sich das süße kleine Fohlen erstaunlich schnell. Wieder einmal hatte es Wolfgang geschafft! Als es Lottchen besser ging, stellte ich ihr die kleine Lisi vor, und aus den beiden wurden sofort beste Freundinnen.

Es war ein großes Glück, dass die beiden Mädels ungefähr gleich alt waren und miteinander nach Herzenslust spielen, herumtollen und die große weite Welt auf meinem Hof entdecken konnten. Was für eine Freude hatte ich daran, die beiden entzückenden weißen Eselstuten so fröhlich und gesund zu sehen, wenn auch noch einige Monate der intensiven Betreuung und Flaschenaufzucht vor mir lagen. Aber was soll's … „Schlafen ist etwas für Anfänger", sagte ich mir wie schon so oft in vergangener Zeit.

Einige Wochen später, im selben Jahr, fand auch noch meine Hexi den Weg zu mir. Es handelte sich dabei ebenfalls um ein kleines weißes Eselchen aus dem Nationalpark Neusiedlersee, das die eigene Mutter nicht angenommen hatte, und das somit von dem Moment ihrer Geburt an allein und hilflos war.

„Bitte, nimm sie!", bat mein Freund Kurtl. „Bei dir kommt sie am ehesten durch und wir können es uns bei dem kleinen Zuchtbestand, den wir von diesen Tieren haben, nicht leisten, eine Stute zu verlieren."

„Willst du den gesamten Eselbestand deines Nationalparks zu mir aussiedeln, weil du mir jetzt schon alle paar Wochen eines dieser Tiere schickst?", fragte ich ihn scherzhaft.

Aber natürlich machte ich mich sofort auf den Weg. Zwei oder drei kleine Eselchen, das war jetzt auch schon egal. Schlafen war in diesem Sommer also weiterhin nicht angesagt.

Wie schon so oft trafen wir uns auf halbem Wege an einer Raststation, um möglichst wenig wertvolle Zeit zu verlieren. Irgendetwas stimmte mit dem kleinen Esel nicht, das sah ich sofort. „Kommt dir das Tier nicht auch komisch vor?", fragte ich Kurtl.

Es schien mir im Vergleich zu den anderen Eselchen stark in seiner Bewegungsfähigkeit eingeschränkt. Auf einem kleinen Rasenstück neben dem Parkplatz wollte ich der Sache auf den Grund gehen. Mit einem winzigen roten Fohlenhalfter und einem Pferdestrick gesichert, versuchte ich dort, den Esel dazu zu bringen, ein paar Schritte zu laufen. Nun sahen wir es beide: Nur ganz langsam und widerwillig, war das zarte Fohlen zu einigen wenigen unsicheren

Schritten zu bewegen. „Fohlenlähme", schoss es mir durch den Kopf. „Nein bitte nicht." Ich hatte alle meine Jungtiere immer gleich dagegen geimpft. Sollte sich mein Verdacht bestätigen, würden wir den Kampf um das Leben des kleinen Eselbabys wohl oder übel verlieren.

Ich packte die schwache kleine Stute wieder ins Auto und machte mich sofort auf den Weg. Wollte es denn heuer gar nicht abreißen mit den Eseldramen?

Ich fuhr mit einem unguten Gefühl im Bauch direkt zu meiner Freundin, der Tierärztin Andrea. Wieder einmal durfte ich keine Zeit verlieren.

„Wenn das mal keine Fohlenlähme ist", sagte Andrea und spritzte dem kleinen Eselchen sofort ein stark wirksames Antibiotikum. Da nun eine extrem intensive Behandlung notwendig war, wenn wir überhaupt einen Funken einer Chance haben wollten, und Andrea viel zu weit von mir entfernt wohnte, besprach sie sich telefonisch mit ihrem Kollegen Wolfgang und wünschte ihm Glück bei dieser schwierigen Behandlung. Ich beeilte mich nun, schnell nach Hause auf meinen Hof zu kommen, musste ich dort doch auch noch die beiden anderen Eselfohlen versorgen. Mein guter Freund Wolfgang wartete schon auf mich. Er wollte sich gleich selbst ein Bild machen und kam zur selben Diagnose. Es handelte sich tatsächlich um Fohlenlähme! Deswegen hatte die Mutter das Eselchen auch verstoßen. Sie spürte wahrscheinlich, dass ihr Junges nicht überleben würde und handelte nach Instinkt.

Trotz einer sehr intensiven Therapie, wollte sich die Gesundheit meines neuen Schützlings nicht bessern, und das kleine Eselfohlen verfiel zusehends. Ich schaffte es nun nicht mehr, alle drei Eselfohlen Tag und Nacht alleine zu versorgen und bat meinen stets hilfsbereiten guten Freund Hubert Schöny zu Hilfe.

Der erfahrene Landwirt und große Tierfreund nahm die drei kleinen Esel bei sich auf seinem schönen Hof auf und wir konnten uns ab diesem Zeitpunkt mit der Pflege und Versorgung der Fohlen abwechseln. Das war eine große Erleichterung. Endlich wieder einmal ein paar Stunden durchschlafen!

Als das Tier nach über einer Woche noch immer nicht ausreichend auf die Behandlung ansprach, langsam jeglichen Appetit verlor und nicht mehr trinken wollte, war ich nach einer weiteren durchwachten Nacht an seiner Seite schon drauf und dran, die Flinte ins Korn zu werfen. Noch einmal griff Wolfgang in seine Trickkiste und verabreichte seiner kleinen Patientin einen speziellen Infusions-Cocktail.

„Da ist alles drin, was gut ist. Das wird die Kleine jetzt aufrichten", sagte er voller Zuversicht. Und tatsächlich! Bei der nächsten Mahlzeit trank das Eselfohlen schon hungrig seine Milch. Der Bann war gebrochen und langsam keimte Hoffnung in mir auf. Nach weiteren 24 Stunden war unser Sorgenkind endlich über den Berg. Was für ein Glück! Diesmal hätte ich schon fast nicht mehr an ein gutes Ende geglaubt.

Fasziniert konnte ich einmal mehr beobachten, wie rasch sich so ein kleines Tier erholen kann, wenn die Krankheit erst einmal besiegt ist. Am nächsten Tag sprang die kleine Eselin schon fröhlich mit den anderen beiden Fohlen über die Wiese, schlug Haken, buckelte und sprang mit allen Vieren in die Luft. Jegliche Bewegungseinschränkung war vergessen.

Das genesene Eselmädchen entpuppte sich schnell als die Lebhafteste von allen dreien, ihr überschäumendes Temperament war fast nicht zu beherrschen. Ich nannte unser Nesthäkchen Hexi, und der Name passt bis heute hervorragend zu ihr.

Meine drei weißen Damen hatten ihr Schicksal nun endgültig überwunden und holten in den folgenden Sommermonaten alles auf. Das war vielleicht eine Rasselbande und noch dazu ein eingeschworenes Trio! Nichts war vor den schlauen kleinen Eselchen sicher.

Im Alter von einem Jahr wurden sie in das Zuchtbuch der Barockesel eingetragen und bekamen alle drei eine hervorragende Bewertung.

„Na um drei so schöne Stuten wäre aber ewig schade gewesen", meinte der Herr Nationalparkdirektor damals und klopfte mir auf die Schulter. Ich war sehr stolz auf mein entzückendes Dreimäderlhaus und verwöhne meine Lieblinge bis heute. Mit ihrem schönen weißen Fell, den weichen rosa Nüstern und den strahlend blauen Augen sind sie die Stars auf meinem Hof.

Die weißen Barockesel wurden im 17. und 18. Jahrhundert in Österreich und Ungarn für den Adel gezüchtet. Weiße Tiere galten damals als Lichtbringer. Barockesel haben ein gelblich-weißes Fell, dessen Farbe man Cremello nennt, und wunderschöne blaue Augen. Die mittelgroße Eselrasse zeichnet sich durch ein besonders ruhiges und gutmütiges Wesen aus.

Esel haben deshalb längere Ohren als Pferde, weil sie aus heißen Gebieten stammen. Die langen Ohren dienen zur Temperaturregulation, da sie aufgrund ihrer Ausmaße und der dünnen Haut schneller abkühlen können und so den Körper des Esels vor Überhitzung schützen.
Kleine Eselfohlen sind sehr empfindlich gegen Nässe.

Die Rasse der weißen Barockesel galt als ausgestorben, bevor man im Jahr 1986 einen Bestand von 30 Tieren entdeckte. In einem speziellen Zuchtprogramm wurde ihr Bestand erhöht, und so gibt es heute über 200 der seltenen, edlen Tiere. Die größten Gruppen an weißen Barockeseln sind im Nationalpark Neusiedlersee und in Schloss Hof zu bestaunen.

7 Gefiederte Freunde

Wie aus Theo, dem Superhirn, Thea wurde

Eine Graupapageienhenne hatte im Mühlviertel drei Eier gelegt – aber leider nicht bebrütet. Trotz sofortiger Versorgung im Brutapparat, schlüpfte nur ein einziges winziges Küken: mein Theo. Der kleine Papagei wurde schon eine Weile mit der Hand großgezogen, als ich von ihm hörte. Sein Besitzer war berufstätig und konnte die zeitaufwendige Aufzucht einfach nicht mehr schaffen. Da ich mir schon immer einen Papagei gewünscht hatte, dachte ich mir – das ist er! Also nahm ich ihn als halbwüchsiges Küken zu mir, noch nicht ganz befiedert mit nackter rosa Haut und einigen Federkielen. Der kleine Vogel hatte die Größe einer besseren Amsel und blickte mich selbstbewusst und munter aus seinen schwarzen Knopfaugen an. Alle jungen Papageien haben ganz dunkle Augen, erst im Erwachsenenalter bildet sich die Iris aus und sie bekommen ihre rassespezifische Augenfarbe.

Ich zog den jungen, munteren Papagei mit viel Freude groß. Tagsüber musste er alle zwei Stunden mit einem speziellen Aufzuchtbrei für Papageien gefüttert werden. Nachts gönnten wir uns erst vier und später sechs Stunden Pause. Ich hämmerte mir für die Fütterung einen kleinen Moccalöffel an beiden Seiten zurecht, bis er wie ein kleiner Einfüllstutzen aussah, und mein Theo sperrte bald schon gierig den Schnabel auf, sobald er seinen speziellen Futterlöffel erkannte. Da auch eine Papageienhenne das Futter für ihre Küken breiförmig hervorwürgt und es ihnen tief in den Schnabel hineinstopft, schien mir dies die beste Methode.

Weil Papageien Höhlenbrüter sind und ihre Nester gerne hoch oben in hohlen Baumstämmen bauen, richtete auch ich meinem Theo ein Nest in einem ausgehöhlten Stück Holz her.

Der kleine Vogel entwickelte sich problemlos und wurde zusehends kräftiger. Man soll und darf Papageien auf keinen Fall alleine halten, also habe ich immer wieder versucht, meinen gefiederten Freund mit anderen Papageien zu vergesellschaften. Da Theo aber nicht unter anderen Vögeln großgeworden war, und durch die damals unumgängliche Handaufzucht noch nie Artgenossen gesehen hatte, klappte das nur mehr schlecht als recht. Zwei Versuche sind derart schiefgegangen, dass fast ein Unglück geschehen wäre, als ich die beiden Papageien nach monatelanger getrennter Haltung in nebeneinanderstehenden Volieren mit gegenseitigem Blickkontakt zum ersten Mal behutsam zusammenließ. Während dieser Eingewöhnungszeiten hatte ich meinen Theo schweren Herzens vollständig ignoriert, in der Hoffnung, er würde sich auf den anderen Vogel konzentrieren. Und obwohl ich die Papageien dann bei ihrer ersten ungeschützten Begegnung in eine neue, für beide Vögel fremde, Voliere setzte, um keinem einen Reviervorteil zu verschaffen, wollte es nicht klappen. Theo mobbte den Kollegen nicht nur, er machte relativ zügig beinahe Hackbraten aus ihm. Gott sei Dank gelang es mir jedes Mal rechtzeitig, den potenziellen Spielkameraden für meinen kleinen Halunken in Sicherheit zu bringen.

Es half alles nichts, drei langwierige, von Fachleuten begleitete Vergesellschaftungsversuche, schlugen fehl. Erst nach einigen Jahren ist es uns letztendlich doch gelungen, mit dem Graupapageienhahn Jakob einen Gefährten für Theo zu finden, der nun einigermaßen akzeptiert wird.
Die beiden Papageien lieben sich nicht heiß und innig, sind nicht einmal Freunde geworden, aber sie tolerieren sich in einer Art losen Vogel-WG. Gegenseitiges Kraulen oder körperlicher Kontakt finden zwar nicht statt, aber sie sind stets einander zugewandt, um sich gegenseitig beobachten zu können. Wahrscheinlich fürchten beide, der andere könnte auf dumme Gedanken kommen, wenn man ihn aus den Augen lässt, oder einem sogar in den Rücken fallen.

Während Jakob meist nur pfeift oder „Hallo" ruft, war mein Theo von Anfang an ein Sprachgenie. Er hat einen unglaublich reichen Wortschatz, spricht stets mit meiner Stimme und verknüpft vor allem unglaublich fein verschiedenste Worte.

Dass Papageien gerne Laute nachahmen und sich diese klugen Vögel viel merken können, ist ja bekannt. Aber mein Theo spricht zudem nie etwas aus, was gerade nicht zur gegenwärtigen Situation passt. Er würde am Abend beispielsweise nie „Guten Morgen" sagen, denn er weiß ganz genau, dass man bei hereinbrechender Dunkelheit „Guten Abend" oder vor dem Schlafengehen „Gute Nacht" sagt. Mein gefiederter Freund kennt alle meine Tiere genau beim Namen und ist davon überzeugt, das Oberkommando über meine Hunde zu haben. Wenn meine Vierbeiner aus dem Garten hereingelaufen kommen und einer noch fehlt, ruft er sofort dessen Namen. Sollten meine Hunde einmal raufen oder sehr wild spielen, sagt er: „Pfui! Seid's deppert?" und schimpft, bis die Hunde wieder brav sind. Der kluge Vogel sagt auch meine Handynummer vollständig und richtig auf und redet viele ganze Sätze. In der Früh fragt er: „Guten Morgen, wie geht's dir?" oder „Hast du ein Nussi?".

Manchmal gibt er in gewissen Situationen wirklich lustige Sachen von sich. So war einmal ein Versicherungsvertreter bei mir, der mir alles Mögliche einreden wollte. Ich muss schon ein recht gelangweiltes Gesicht gemacht haben, denn plötzlich sagte mein Theo: „Geh lass das bleiben!"

Ein anderes Mal ist ein Universitätsprofessor der tierärztlichen Universität Wien bei mir am Küchentisch gesessen und musste noch am selben Tag eine Dissertation überprüfen. Er klappte also seinen Laptop auf und ich meinte, er solle ruhig noch arbeiten. Also saß er da, tief über den Tisch gebeugt und kontrollierte diverse Statistiken, die der Doktorand aufgestellt hatte. Schon leicht entnervt murmelte er vor sich hin, dass er das jetzt auch noch nachrechnen müsse. Plötzlich plapperte mein Theo in die Stille hinein: „Aber geh, das wird schon stimmen!" Das Gelächter war natürlich groß.

Mein Theo spricht so deutlich, dass man ihn immer ganz genau verstehen kann. Es handelt sich dabei um Sätze, die er irgendwann einmal gehört hat und dann so situationsgerecht anwendet, dass es einem manchmal fast schon unheimlich ist.

Wenn ich mehrmals an ihm vorbei in den Garten hinausgehe und wieder hereinkomme und bei einem Mal dann aber meine Handtasche oder die Schlüssel mithabe, sagt er schnell: „Tschüss!" Er hört also nicht nur unglaublich viel, sondern beobachtet auch ganz genau, was um ihn herum vor sich geht. Wenn ich meine Stalljacke anziehe, ruft er Paulus, meinen Hund, weil er weiß, dass der mit mir mitkommt, wenn ich zu meinen Tieren fahre. Mache ich mich hingegen stadtfein, so sagt er zu den Vierbeinern: „Frauli kommt gleich!", weil er genau weiß, dass ich die Hunde dann nicht mitnehme.

Einmal im Jahr lasse ich den Papageien die Krallen schneiden. Also kommt dann ein Tierarzt und erledigt das. Letztes Jahr kam dafür zum ersten Mal ein neuer junger Veterinär zu mir ins Haus. Ich wickelte meinen Theo in ein Handtuch, weil Papageien ja doch sehr wehrhaft sind, und hielt ihn fest. Wenn ich pfeife oder mit ihm rede, während die Krallen geschnitten werden, beruhigt er sich auch immer recht schnell. Nach dem Stutzen durch den Jungmediziner hat eine der Krallen leicht geblutet – eigentlich keine große Sache. Wir haben die Blutung gestillt, den leicht verärgerten Theo wieder in die Voliere gesetzt und noch ein, zwei Worte gewechselt, bevor wir uns Jakob vornahmen. Als sich später der Tierarzt von mir verabschiedete und gerade aus der Tür meines Wintergartens treten wollte, rief mein Theo plötzlich: „Trottel depperter!" Das hatte er noch nie zuvor und seitdem auch nie wieder gesagt! Aber mir war natürlich klar, wo er diese Worte gehört hat: Wenn ich einmal einen grantigen Tag habe und mich Leute stundenlang am Telefon wegen irgendeiner Unwichtigkeit aufhalten, dann kann es vorkommen, dass ich nach dem Auflegen leise so etwas in der Art murmle. Aber nie hätte ich das natürlich zu jemandem persönlich gesagt – doch mein Theo muss den Zusammenhang von alleine hergestellt haben, nachdem er sich offensichtlich genauso geärgert hatte, wie ich manchmal am Telefon. Und da hat er sein neues Vokabular eben ausprobiert. Für mich war die Sache sehr amüsant, auch wenn ich mich ein bisschen für meinen Vogel genierte. Aber als mich unlängst besagter Tierarzt darauf hinwies, dass es bald wieder so weit sei und die Krallen meiner Papageien gestutzt werden müssten, meinte er mit einem Augenzwinkern zu seinem Kollegen: „Vielleicht gehst du dieses Mal und lässt dich beschimpfen." Seither passe ich sehr genau auf, was ich sage, wenn ich einmal nicht so gut aufgelegt bin.

Ich befasse mich gerne und viel mit Behaviorial Enrichment (= Verhaltensanreicherung oder die Beschäftigung von Tieren in Gefangenschaft), vor allem Papageien betreffend. Ich habe mich der Organisation einer amerikanischen Verhaltensforscherin angeschlossen, die sich auf diese Vögel spezialisiert hat. Wöchentlich bekomme ich von dort Aktivitätsvorschläge und neue Ideen für Theo und Jakob. Man füllt dann ein Onlineformular mit den Reaktionen seiner Papageien aus, dies dient der Forscherin zur Datenerhebung. Ich lasse hin und wieder auch die absonderlichsten Spielsachen aus Amerika für meine klugen Vögel kommen. Einmal zum Beispiel habe ich ein Plastikgestell geordert, mit sechs drehbaren kleinen Plexiglasschachteln daran, die jeweils unterschiedlich zu öffnen waren: Die eine musste aufgedreht werden, die andere

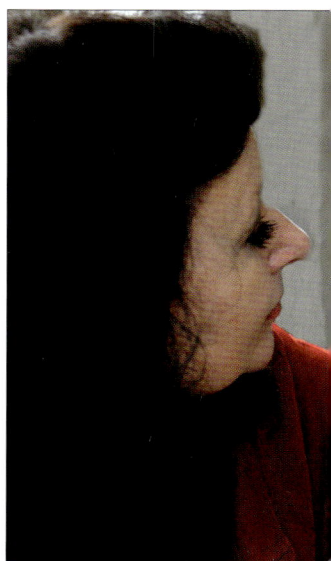

nach vorne aufgeklappt, die nächste war nach hinten zu öffnen, und eine funktionierte wie eine Schublade. Es handelte sich also um verschiedene Öffnungsmechanismen. Auf der Packung stand, man solle nicht enttäuscht sein, weil manche Vögel oft tagelang brauchen und dann vielleicht auch nur zwei oder drei Schachteln aufbekommen würden. Ich freute mich, weil ich meine klugen Papageien damit ein bisschen herausfordern konnte. Gleich als das Spielgerät ankam, habe ich die kleinen Plexiglasschachteln mit Nüssen befüllt und in der Voliere montiert. Mein Theo, der couragiertere der beiden, ist zuerst hingegangen und hat die Sache gleich sehr interessiert beäugt. Also bin ich in die Küche, um den Karton zu entsorgen, und dachte zufrieden, dass er da jetzt einmal eine Zeit lang zu tun hat. Aber als ich aus der Küche zurückkam, hatte er bereits alle vier Schachteln geöffnet und die Nüsse gefressen! Somit war dieses tolle Ding auch schon wieder uninteressant. Ich habe es gleich noch einmal befüllt – natürlich so, dass er es nicht sah – und eins, zwei, drei hat er wieder alles aufgemacht und die Nüsse verspeist! Ganz umsonst war meine Investition nicht, denn wenn ein Spielzeug für meine Vögel uninteressant geworden ist, gebe ich es an andere Papageienbesitzer weiter.

Theo und ich spielen auch gerne Karten. Mein kluger Vogel zieht von mir eine Karte und ich von ihm, und so geht das dann hin und her. Er ist immer begeistert bei der Sache, hält seine Karten geschickt mit den Krallen fest, wie ein echter Pokerspieler, und zinkt mit seinem scharfen Schnabel so manches Exemplar.

Oder ich stelle mein Nähzeug auf den Tisch, das mit Feuereifer ausgeräumt und dann wieder neu sortiert wird. Knöpfe, Bänder und anderes Zubehör werden im Schnabel spazieren getragen, bearbeitet oder mit Begeisterung durch die Gegend geschleudert.

Jakob ist immer noch nicht handzahm, nimmt aber immerhin schon Futter aus meiner Hand. Er schreddert gerne in der Voliere alles, was ihm unter den Schnabel kommt, vom Eierbecher über Zeitungen, frische Äste, Sisalseile und vieles mehr.

In der geräumigen Gartenvoliere wächst ein großer Haselnussbaum, von dem die Papageien gerne ihre eigenen Nüsse ernten, und in einem Granitbrunnen plätschert Wasser über vier Kaskaden, unter denen sie liebend gerne duschen oder ihr Futter waschen. Es gibt verschiedene Pflanzen und mehrere Kies- und Steinarten auf dem Boden des Geheges. Graupapageien sind überaus fleißige Gärtner, und wenn ihnen eines der Steinchen nicht sauber genug ist, dann waschen meine beiden es in

den kleinen Wasserfällen und sortieren es wieder dort ein, wo es ihrer Meinung nach am besten hinpasst. Man sieht die klugen Vögel immer fleißig und beschäftigt. Ich versuche, ihnen so viel Abwechslung wie möglich zu bieten.
Auch ein abwechslungsreiches Futterangebot mit vielen frischen Früchten ist Papageien sehr wichtig. An einer halben Zuckermelone oder einem halbierten Granatapfel zum Beispiel haben sie eine Weile zu arbeiten. Es dauert, bis alles klein zerhackt und sämtliche Kerne ausgelutscht sind. Das gibt dann meistens eine Riesensauerei, aber die Vögel sind glücklich dabei. Auch verschiedene Früchte auf Spießen lieben sie. Theo und Jakob betätigen sich ebenfalls gerne als Künstler, ein dicker Baumstamm zum Beispiel wird von ihnen mit unendlichem Fleiß bearbeitet – vielleicht wird daraus ja einmal eine Holzskulptur!

Papageien werden leider häufig unterschätzt! Selbst ich, die nun schon seit über 15 Jahren von diesen klugen Tieren umgeben, traue ihnen immer noch zu wenig zu und bin dann oft verwundert, wie unglaublich intelligent diese Vögel sind.
Einmal im Jahr lasse ich die Vögel gründlich untersuchen, da Papageien meist sehr spät Symptome zeigen, wenn ihnen etwas fehlt. Bemerkt man eine Veränderung, ist die Erkrankung oder das Leiden schon relativ weit fortgeschritten. Also heißt es, einmal im Jahr vorsorgen! Ich fahre dann mit den Vögeln zu einem Fachtierarzt für Zootierkunde, und der schaut sie genau an und macht

ein Blutbild. Ich habe meinen Theo nie endoskopieren lassen, um herauszufinden welches Geschlecht er hat, da mir das ein bisschen zu riskant erschien und ich seine Gesundheit auf keinen Fall gefährden wollte. Dass Jakob ein Junge war, stand schon fest, als ich ihn übernahm. Nun kann man aber seit einigen Jahren das Geschlecht mittels DNA-Test bestimmen, und zwar anhand der Zellen im Kiel einer ausgerissenen Feder.

Als ich mich also gerade wieder mit den beiden bei ihrer Durchuntersuchung befand, habe ich auch diesen Test machen lassen, obwohl für mich das Geschlecht meines ersten Papageis nicht in Frage stand. Mein Theo war ganz klar ein Theo, und ich hatte unerklärlicherweise immer das sichere Gefühl gehabt, dass es sich bei ihm um einen Hahn handelte. Der Tierarzt, ausgestattet mit einem guten Sinn für Humor, hat mich damals vierzehn Tage später angerufen und mit besorgter Stimme gefragt: „Sitzen Sie?" Ich ließ mich prompt auf einen Sessel fallen und bejahte. Danach ersuchte er mich, ganz stark zu sein. Ich kann gar nicht beschreiben, welche Horrorszenarien mir in diesen Sekunden durch den Kopf schossen. In meinem Schock war ich fest davon überzeugt, dass ich einen schrecklichen Befund erhalten würde, Theo an einer schweren Krankheit litt und bald sterben müsste. Während ich mit angehaltenem Atem dasaß und auf die Nachricht wartete, meinte der Tierarzt lachend: „Es ist ein Mädchen, ich ändere jetzt meine Kartei!"

Ich war sprachlos und erleichtert zugleich. Damit konnte ich mich leicht abfinden, auch wenn ich meinen gefiederten Freund seit diesem Nachmittag mit etwas anderen Augen sehe. Mein Theo heißt jetzt also Thea – wobei ich gestehen muss, dass ich sie aus der Gewohnheit heraus oft noch Theo nenne. Wenn ich sie aber offiziell jemandem vorstelle, bemühe ich mich natürlich, sie eine Dame sein zu lassen.

Vor einigen Monaten allerdings hat mir meine Thea einen ordentlichen Schrecken eingejagt! Ich hatte sie aus der Voliere genommen, um ihr eine Freude zu machen und sie wie schon so oft auf ihren Lieblingsbaum im Garten zu setzen. Sie klettert dort immer nach Herzenslust herum, flattert von Ast zu Ast und knabbert an den frischen Zweigen. Nie war sie mir in all den Jahren entwischt. An diesem Tag jedoch stieg sie plötzlich in die Höhe und flog über die benachbarten Häuser und Bäume davon. Ich dachte, mich trifft der Schlag! In meiner Panik fürchtete ich, meine Thea für immer verloren zu haben! Selbst wenn sie irgendwo auf einem Waldboden oder einer hohen Wiese landete, würde es nicht lange dauern, bis sie in das Visier eines Marders oder Fuchses geriet, schoss es mir durch den Kopf. Da sie auch nichts Böses kannte, hätte sie jedes Raubtier mit weit aufgerissenem Maul bloß höflich nach einem Nussi gefragt!

Ich war verzweifelt und wusste nicht, wie ich meine Thea je wieder finden soll-te. Ich bin also nach den ersten Schrecksekunden aus der Gartentür gestürzt und kreuz und quer zu Fuß über die Wiesen gelaufen. Ohne nachzudenken, rannte ich in meiner Angst in die Richtung, in der sie entwischt war, konnte sie jedoch nicht finden. Schnell lief ich wieder zurück und fuhr mit dem Auto die gesamte Umgebung ab.

Thea und ich haben eine Kennmelodie. Einer von uns beiden beginnt das Lied zu pfeifen und der andere pfeift es fertig. Während ich also meinen Wagen durch die Straßen lenkte, pfiff ich verzweifelt unsere Melodie. Ohne Ergebnis. Zwei Stunden später war ich mir sicher, dass mein Vogel die Nacht nie über-leben würde. Völlig in Tränen aufgelöst und doch hoffungsvoll, griff ich zu meinem Telefon, das plötzlich läutete. Es rief mich ein Herr an, der in meiner Gasse wohnte, und erzählte mir, dass jemand einen Papagei gefunden hatte. Er wollte mich fragen, ob das vielleicht meiner wäre. Ich bin natürlich sofort zu der betreffenden Person hingefahren und sah schon am Gehsteig vor dem Haus eine Frau mit zwei Kindern und zwei großen Hunden stehen, auf deren Arm Thea thronte. Als ich mich ihr näherte, hat mein Papagei sofort unsere Kennmelodie gepfiffen und ich habe geantwortet. Als ich sie auf meine Hand nahm, hat sie mich angeschaut und gefragt: „Bist du ein braves Vogi?" Ich war so erleichtert, dass ich nur erwiderte: „Ich schon, aber du nicht." Ich konnte mein Glück überhaupt nicht fassen. Ganz selig habe ich sie ins Auto gesetzt und nach Hause gebracht. Auf der Fahrt hörte ich sie wie gewohnt fragen: „Hast ein Nussi?" Ich habe Tage gebraucht, um mich von dem Schreck zu er-holen.

Fritzi, der schöne Kakadu

![Frau hält einen weißen Kakadu im Arm]

Fritzi war ein Gelbhaubenkakadu und lebte im Waldinger Zoo, wo auch meine Kamele geboren sind.

Bei einem meiner Besuche kam ich in die Küche und sah dort einen weißen, etwas zerrupften Kakadu in einem Käfig neben dem Ofen sitzen.

„Was ist denn mit dem Vogel?", erkundigte ich mich natürlich sofort.

„Das ist der Fritzi", stellte ihn mir Geli, die Tiergartenbesitzerin, vor. „Und der ist so zahm und so lieb, um den tut es mir wirklich leid. Aber er hat eine Krankheit, da hilft nichts mehr, wir werden ihn einschläfern müssen." Auf meine Nachfrage erfuhr ich, dass auch der Tierarzt keinen Rat mehr wusste. Fritzi war schon so schwach, dass er nicht mehr fliegen konnte, und so abgemagert, dass er nicht einmal mehr von alleine fraß.

Ich habe seiner Besitzerin spontan angeboten, ihn nach Wien auf die tierärztliche Universitätsklinik zu den Vogelspezialisten zu bringen, weil ich hoffte, dass dem Tier dort geholfen werden konnte. Sie hat gar nicht lange überlegt und meinte, ich sollte mein Glück versuchen. Also nahm ich ihn mit zu mir nach Hause und ließ ihn gleich am nächsten Tag von den Experten untersuchen. Lange Zeit hat man nicht herausfinden können, woran der Kakadu tatsächlich litt. Seinen Zustand konnten wir durch Infusionen und Medikamente jedoch ganz gut stabil halten. Bei Fritzi handelte es sich um einen ganz besonderen Vogel. Er war sehr menschenbezogen und ein richtiger Clown. Leider neigte er immer wieder zu Krampfanfällen, und man musste ihm dann möglichst schnell Tropfen über den Schnabel verabreichen. Ich traute mich daher nicht, mein Sorgenkind allein zu lassen, und habe ihn damals überallhin mitgenommen. Wenn ich, wie jeden Tag, in den Stall zu meinen Tieren fuhr, spazierte er in meiner Nähe im Gras umher oder half mir fleißig bei der Stallarbeit. Er saß dabei stundenlang auf meiner Schulter oder machte es sich auf der Stange einer Heuraufe bequem.

Fritzi liebte es besonders, von oben auf die großen Pferde hinunterzuschauen. Ich setzte ihn dazu auf eine hohe Stallwand, wo er begeistert auf und ab lief, mit dem Kopf wippte und seine prachtvollen gelben Kopffedern sträubte. Dazu krächzte er lautstark. Die Pferde haben sich schnell an ihn gewöhnt. Fritzi wusste sich im Stall immer zu beschäftigen. Er sortierte stundenlang Stroh- oder Heuhalme und bearbeitete Bretter und Hölzer aller Art mit seinem Schnabel. Er kramte außerdem leidenschaftlich gerne im Werkzeugschrank herum und brachte mit Begeisterung alles durcheinander. Immer war er überaus eifrig bei seiner Arbeit. Abends ist er dann wieder mit mir nach Hause gefahren und hat dort ein spezielles Kraftfutter bekommen, das ich ihm extra angerührt und mit der Hand gefüttert habe. Alleine fraß er stets nur kleine Mengen und hatte noch immer wenig Appetit.

Mein Fritzi war ein lustiger Gefährte und unglaublich verschmust. Er ist vermutlich der einzige Vogel, der regelmäßig Shiatsu-Massagen bekommen hat. Ich war noch immer sehr in Sorge um den süßen Kakadu und brachte ihn regelmäßig zu seinen tierärztlichen Behandlungen.

Meine Pferde bekommen von einer lieben Freundin ab und zu eine Shiatsu-Massage, bei der sie so richtig schön gelöst sein können. Es hat nicht lange gedauert, da probierten wir das auch mit Fritzi. Er hat es von Anfang an geliebt! Die Therapeutin breitete ein Handtuch über ihren Schoß, und darauf lag tiefenentspannt mein Kakadu auf dem Rücken und streckte mal das eine und dann das andere Bein von sich. Er stellte während der Massage seine Kopffedern auf und schloss genüsslich die Augen. Mein Fritzi konnte gar nicht genug davon kriegen, und so wurden die Kakadu-Massagen zur Gewohnheit bei uns im Stall.

Bei seiner Erkrankung stellte sich zwar keine Verschlimmerung ein, aber leider auch keine Verbesserung. Fritzi war mir inzwischen sehr ans Herz gewachsen. Ein gutes Jahr lang ging alles glatt, doch dann verschlechterte sich sein Zustand so dramatisch, dass er trotz intensiver tierärztlicher Behandlung in meinen Händen verstarb. Eine anschließende Obduktion ergab starke Veränderungen im Gehirn. Dem schönen Kakadu hätte niemand mehr helfen können, dennoch trauere ich auch heute noch um meinen lustigen Gefährten. Obwohl wir nicht viel Zeit miteinander verbringen durften, bin ich mehr als dankbar für diese tolle Erfahrung, und auch dafür, dass ich noch ein abwechslungsreiches und schönes letztes Jahr mit Fritzi an meiner Seite erleben durfte.

Die Lebenserwartung von großen Papageienrassen entspricht ungefähr der eines Menschen. Nymphensittiche und andere größere Sittichrassen können weit über 20 Jahre alt werden. Wellensittiche erreichen ein durchschnittliches Alter von acht bis zehn Jahren, in Einzelfällen aber durchaus ein höheres. Es gibt weltweit 350 verschiedene Papageienrassen. Die kleinste ist der nur acht Zentimeter große Spechtpapagei, die größte der prachtvolle bis zu einem Meter große Hyazinthpapagei mit prachtvollem, dunkelblauem Gefieder.

Der kräftige Schnabel ist das wichtigste Werkzeug der Papageien zum Klettern, Knacken von harten Schalen, Aushöhlen von Nistkästen und zur Gefiederpflege. Die gefiederten Schönheiten ertasten mit ihrer besonders beweglichen Zunge die Beschaffenheit ihres Futters.
Papageien leben innerhalb eines Schwarms in monogamen Zweierbeziehungen. Sie ahmen auch in freier Natur Laute nach und sind echte Flugkünstler.

Die klugen und schönen Papageien sind seit dem Altertum beliebte Haustiere. Sie stellen jedoch an ihre Halter große Ansprüche hinsichtlich Platzangebot, Beschäftigungsmöglichkeiten und abwechslungsreichem Futter. Auch die hohe Lebenserwartung der Tiere ist vor dem Kauf zu bedenken. Papageien dürfen nicht alleine, sondern nur paarweise oder in Gruppen gehalten werden und müssen als Haustier über einen Herkunftsnachweis verfügen.

8 Auf Bocksfüßen

Wie Mephisto seinem Namen alle Ehre machte

Meinen ersten Ziegenbock bekam ich von einer Ziegenbäuerin aus Kalksburg bei Wien. Das winzige, kohlrabenschwarze Tier war von seiner Mutter nicht angenommen worden. Die bereits recht betagte Bäuerin, die ohnehin schon viele Tiere versorgte, bat mich um Hilfe. Also nahm ich das kleine Böcklein bei mir auf und zog es mit Ziegenmilch groß.

Ich taufte meinen neuen Schützling Mephisto – und sein Name war Programm: Er blieb ziemlich klein, hatte stechend grüne Augen, die stets spitzbübisch funkelten. Seine kurzen aber kräftigen Hörner wusste er fleißig zu benutzen. Mit einem Wort, Mephisto war richtig schlimm. Er entschied, welche Tiere und Menschen er mochte, welche nicht, und war ihm jemand fremd, oder er konnte ihn nicht leiden, senkte er sogleich seinen Nacken und stieß mit seinen Hörnern blitzschnell zu. Mit einem Satz verteidigte er sein Revier gegen jeden vermeintlichen Eindringling. Aufgrund seiner geringen Körpergröße, traf er dabei meist das Schienbein seiner menschlichen Kontrahenten oder rammte von hinten die Kniekehlen, was für den Betroffenen äußerst schmerzhaft sein konnte. Meinem damals noch kleinen Sohn und mir gegenüber war er aber sehr anhänglich und freundlich. Auch mit meinem großen Rottweiler-Rüden Oskar spielte er mit Begeisterung.

Mephisto hatte ein unglaubliches Springvermögen. Nichts war vor ihm sicher. Er benutzte jede offene Autotür, um den Inhalt des Wagens zu untersuchen. In der Futterkammer hüpfte er mühelos auf die höchsten Regale und holte sich die dort gelagerten Leckereien herunter. Futtersäcke öffnete er mittels gekonntem Seitenschwung mit einem seiner spitzen Hörner, und auch die eigens mit Spangen verschlossenen großen Futtertonnen stellten keinerlei Hindernis für ihn dar. Es musste immer alles sorgsam vor ihm versperrt werden, denn auch das Öffnen einer Türschnalle beherrschte der kleine Ziegenbock bis zur Perfektion.

Eine gewisse lokale Bekanntheit erreichten wir damals auf unseren täglichen Ausritten in unserer Wohngegend. Vorne weg ritt ich auf meiner Fjordstute Mirabell, gefolgt von meinem Sohn auf seinem Esel Pantschi, daneben lief mein Hund und ganz hinten war auch immer noch der kleine schwarze Mephisto mit von der Partie. Wir kamen damals wie die Bremer Stadtmusikanten daher, nur die Katze und der Hahn fehlten uns noch.

Gabriels kleines Wunder

Hin und wieder besuchte ich nach wie vor die Ziegenbäuerin in Kalksburg und ging ihr ein bisschen zur Hand oder fuhr für sie einkaufen, da sie kein Auto besaß.

Ich war gerade einmal wieder bei ihr, als ich plötzlich merkte, dass eine große weiße Ziege dabei war, zu gebären, und anscheinend damit große Probleme hatte. Das arme Tier schrie vor Schmerzen und presste und presste, aber das Zicklein konnte einfach nicht herauskommen. Ich sah sofort, dass es schon viel zu spät war, um noch einen Tierarzt zu rufen, und so versuchte ich selbst, so gut ich konnte, der verzweifelten Ziegenmama zu helfen. In aller Eile schmierte ich mir die Hände mit Küchenöl als Gleitflüssigkeit ein und tastete mich vorsichtig in den Geburtskanal der Ziege vor. Ich konnte vier kleine Bockfüßchen spüren, aber kein Köpfchen. Es handelte sich also um eine Fehllage, müsste das Ziegenbaby doch mit Kopf und Vorderbeinen zuerst herauskommen. Nach mehreren Versuchen gelang es mir, das Kleine vorsichtig im Mutterleib etwas zu drehen, und so konnte ich auch das Köpfchen nach vorne ziehen. Mit einiger Mühe brachte ich Kopf und Vorderbeine schließlich heraus, und der Rest des Tieres folgte mühelos nach. Der kleine Bock atmete nicht, doch ich hielt ihn an den Hinterbeinen hoch und klopfte ihm kräftig auf die Brust, was anfangs leider auch nichts half. Kurzerhand nahm ich seine ganze Schnauze in den Mund und saugte das Blut und Fruchtwasser mit dem Mund aus seinen Atemwegen. Sogleich machte der kleine Ziegenbock seinen ersten Meckerer und begann auch sofort zu atmen. Die erleichterte Bäuerin, die schon um ihre gute Milchziege gezittert hatte, bestand darauf, ihn nach mir Gabriel zu taufen. Zuerst schien alles gut, doch dann merkten wir, dass der kleine Ziegenbock mit den Vorderbeinen nicht aufstehen und dadurch auch nicht bei seiner Mutter trinken konnte. Ich molk der Ziegenmutter etwas Milch ab und verabreichte sie dem kleinen Zicklein mittels Einwegspritze.

Auf schnellstem Weg brachte ich den Kleinen zum Tierarzt, der eine Nervenquetschung und daraus resultierende Lähmung auf beiden Vorderbeinen feststellte, die durch die schwere Geburt entstanden war. So etwas regenerierte sich zwar manchmal, aber das würde einige Zeit dauern. Doch wie sollte der Kleine trinken, wenn er nicht stehen konnte? Ich hatte so sehr um den kleinen Ziegenbock gekämpft und brachte es einfach nicht übers Herz, ihn jetzt aufzugeben. Also mussten wir uns etwas einfallen lassen.

Und so bekam der keine Gabriel steife Verbände mit Schienen auf beiden Vorderbeinen. Wenn man ihm beim Aufstehen half, konnte er sich damit aufrecht

halten. Ich brachte ihn umgehend zurück in den Stall zu seiner Mutter und hielt ihn anfangs beim Trinken an ihrem Euter fest, damit er nicht umfiel. Die verständige Ziegenmama blieb ganz ruhig stehen, und der Kleine begann nach kürzester Zeit gierig zu stoßen und zu trinken. Danach folgten einige mühsame Wochen. Die steifen Verbände mussten täglich gewechselt und die Beine des kleinen Ziegenbockes fest massiert werden, um die Regeneration der Nerven anzuregen. Hochdosierte Gaben von Vitamin B sollten ebenfalls helfen, die Heilung voranzutreiben. Nach einiger Zeit war Gabriel schon so geschickt, dass er sich zuerst mit den Hinterbeinen auf-

stellte und danach auf den geschienten Vorderbeinen hochdrückte. Er lernte sogar ein paar Schritte zu gehen. Die gescheite Ziegenmutter passte sich an die Geschwindigkeit ihres Sohnes an und lief nie zu schnell davon.

Zum Glück regenerierten sich die Nerven bald so weit, dass der kleine Bock nach ungefähr zwei Monaten bereits in der Lage war, die ersten Schritte ohne die steifen Verbände zu machen. Weitere drei Monate später konnte Gabriel ganz normal springen und laufen. Da die Bäuerin männliche Tiere nicht gebrauchen konnte, nahm ich Gabriel zu mir und ließ ihn kastrieren. Mein Schützling wurde ein stattlicher Ziegenbock und trotz des beachtlichen Größenunterschiedes ein idealer Spielgefährte für meinen kleinen Mephisto, mit dem er mühelos mithalten konnte. Beide hatten ein langes schönes Leben.

Jahre später übernahm ich zwei hübsche junge Böcke, die im Streichelzoo des Schönbrunner Tiergartens geboren worden waren, weil man dort in diesem Jahr zu viele männliche Ziegen hatte. Bei dem einen handelte es sich um einen reinrassigen Damaraziegenbock, schwarz mit weißen Tupfen, bei dem anderen um einen dreifarbigen Mischling, mit auch noch etwas Rotbraun dabei. Ich nannte die beiden Toni und Peter. Sie wuchsen miteinander auf und waren unzertrennlich. Leider starb der dreifarbige Bock im Alter von zehn Jahren an einer schweren Kolik, und so war mein Toni plötzlich allein.

Marlies und ihr kastrierter Verehrer

Lange währte seine Einsamkeit zum Glück nicht, denn bei meinem nächsten Besuch im Tierpark Walding in Oberösterreich machte mich meine Freundin Geli Mair auf die junge Walliser Schwarzhalsziege Marlies aufmerksam, mit der sie große Probleme plagten. Sie konnte nicht in die dort bestehende Ziegenherde integriert werden, da die anderen Tiere auf sie losgingen, was ihr bereits eine Verletzung an der Hüfte eingetragen hatte – also wurde sie allein in einer Box gehalten, um weiteren Konflikten zu entgehen. Ich kaufte Geli die einsame Marlies ab und gab sie meinem Gabriel zur Gesellschaft. Schon nach kurzer Zeit merkte ich, warum die Ziege in Walding gemobbt worden war: Bei Marlies handelte es sich um ein unverträgliches und sehr eigenwilliges Tier. Aber mit ein wenig Geduld glätteten sich die Wogen und mein geduldiger, damals schon etwas älterer Ziegenbock verliebte sich unsterblich in seine Marlies und ließ die junge, hübsche, aber sehr dominante Ziegendame gewähren. Ihre Hüftverletzung heilte aus und schon bald marschierten meine beiden Ziegen täglich gemeinsam auf die Weide – was für mich mehr als nur erstaunlich war, denn mein alter Toni ging zu dieser Zeit kaum noch außer Haus. Ein paar Meter auf die Wiese vor dem Stall und zurück war das höchste der Gefühle. Aber die junge Marlies begleitete er plötzlich mit Begeisterung weit über alle Weiden bis zum Wald hinauf. Die Ziege graste, und er passte immer sehr gut auf, dass sie ihm auch ja kein anderer Bock wegschnappen konnte – obwohl es weit und breit kein anderes Männchen gab und er schon seit vielen Jahren kastriert war. Aber dieses kleine Detail schien in dem Moment völlig egal zu sein. Toni wurde schließlich 16 Jahre alt und ist bis wenige Tage vor seinem Tod mit seiner jungen, hübschen Marlies über die Weiden gezogen. So erlebte mein Ziegenbock noch einen zweiten Frühling im hohen Alter.

INFO

Ziegen gehören zur Gruppe der Wiederkäuer und sind reine Pflanzenfresser. Weltweit gibt es ca. 1200 verschiedene Ziegenrassen. Ziegen gebären nach einer Tragezeit von fünf Monaten zumeist zwei Kitze, manchmal aber auch Drillinge. Die klugen, nützlichen Tiere haben eine Lebenserwartung von zehn bis 15 Jahren, können in Einzelfällen jedoch auch wesentlich älter werden. Ziegen können besonders gut springen und klettern.

Feine Mohairwolle wird aus dem Haar der Angoraziege gewonnen. Die Wolle von jungen Ziegen heißt „Kid Mohair" und ist besonders wertvoll. Jedes Tier wird zwei Mal pro Jahr geschoren, die feine Wolle danach an einem seidenen Faden gesponnen. Kaschmirziegen liefern die feine Kaschmirwolle. Für dieses edle Material wird die Wolle der Ziege ausgekämmt und nicht geschoren, da man nur das weiche, feine Unterhaar verarbeitet.

TIPP

Wenn man Ziegen halten will, braucht man vor allem eine hoch genug eingezäunte Weidefläche, am besten mit niedrigen Bäumen, auf denen die geschickten Ziegen gerne herumklettern. Ein Stall mit reichlich Stroh und gutem Heu benötigen diese klugen Tiere ebenso, wie ausreichend Beschäftigung und den Kontakt zu Artgenossen. Ziegen dürfen nicht alleine gehalten werden.

9 Eine etwas andere Pferdeherde

Das Besondere an meiner Pferdegruppe ist, dass es sich um einen von Anfang an gewachsenen Herdenverband handelt. Jedes einzelne meiner sechs Noriker ist als Fohlen zu mir gekommen, und die Tiere haben ihr ganzes bisheriges Leben zusammen verbracht. Dies ist eine äußerst seltene Konstellation, zumal in Reit- oder Zuchtbetrieben immer eine gewisse Fluktuation besteht. Das eine Pferd trifft ein, muss wieder gehen, ein anderes kommt hinzu ... oft stehen Pferde auch über viele Stunden am Tag allein in ihren Boxen und gehen stundenweise mit immer wieder wechselnden Weidepartnern ins Freie. Häufig übersiedeln Freizeitreiter auch mit ihren Pferden in andere Ställe, weil sie glauben, dass dort das Eine oder Andere besser ist. Sie unterschätzen dabei, was sie ihrem Pferd damit immer wieder antun – wenn es mit einem Weidepartner oder Boxennachbar einmal eine enge Bindung eingegangen ist, von ihm abrupt getrennt wird und sich dauernd aufs Neue in eine fremde Pferdegesellschaft integrieren muss. Man sollte das wirklich nur tun, wenn der Stallwechsel eine deutliche Verbesserung für das Tier darstellt.

Ich habe meine Pferde nie in Boxen gehalten, sie waren immer alle zusammen in einem geräumigen Offenstall mit anschließenden weitläufigen Weiden und großzügigem Auslauf auch im Winter. Es ist mir immer wieder eine große Freude, das interessante Herdenverhalten, reiche Verhaltensrepertoire und die enge Bindung meiner Pferde untereinander zu beobachten.

Jedes Tier hat, wie in einer großen Familie, eine bestimmte, optimal zu ihm passende Aufgabe und seine ganz spezielle Funktion innerhalb der Herde.

Durch ihre besonderen Lebensgeschichten und Erlebnisse, die sie schon als Fohlen hatten, haben meine Pferde ihre besonderen Charaktereigenschaften und Wesensmerkmale entwickelt.

Lorenz, der temperamentvolle Mechaniker

Ich saß im Auto und fuhr Richtung Italien, wo ich als Jurymitglied einer Zuchtschau für Rottweiler fungieren sollte, als mich eine Bekannte anrief und fragte, wo ich denn gerade war. „Noch in Österreich, vor der Abzweigung Millstättersee", antwortete ich präzise, während ich dem Lauf der Autobahn folgte.

Da rief sie ins Telefon: „Bieg ab, bieg ab und fahr nach Kärnten! Da steht ein Norikerfohlen, das nach Italien zum Schlachten verkauft werden soll – geh, schau es dir doch einmal an, ob das etwas für dich ist! Der Kärntner Zuchtverband sagt, das muss ein besonders schönes Fohlen sein. Die Mutter ist bei der Geburt gestorben ..."

Ein wenig verdutzt setzte ich

den Blinker und verließ die Autobahn, während ich ihrer Kurzinformation lauschte.

„Wo genau ist das denn überhaupt?", fragte ich.

„Am Millstättersee", rief meine Bekannte aufgeregt, nannte einen Ort und versuchte, mich aus der Ferne zu dem Bergbauernhof zu lotsen, auf dem das Fohlen angeblich stand. Damals gab es ja noch kein Navi und man musste hoffen, das gesuchte Ziel irgendwo auf einem Straßenschild zu erblicken. Auf dem Weg dorthin dachte ich dann mehrmals, ich breche über dem Lenkrad zusammen und falle in Ohnmacht – vorne der Himmel, auf der einen Seite ein Felsen und auf der anderen Seite ging es steil bergab – ohne Leitplanke. So fuhr ich also die unglaublich steile Bergstraße hinauf. Immer weiter und weiter, immer höher und höher. Ich hoffte nur, dass mir um Himmels willen kein Fahrzeug entgegen kommen würde, denn zurück fahren konnte man hier nicht.

Als ich ein paar Stoßgebete, Flüche und Schweißausbrüche später endlich das gesuchte Gehöft erreichte, stieg ich mit zitternden Knien aus und sah mich erst einmal um. Der ganze Hof war gottverlassen. Außer zwei Kühen, zwei Schweinen und ein paar Hühnern erblickte ich nur besagtes kleine Fohlen auf einer so steilen Wiese, dass man selbst als Zweibeiner kaum gerade darauf stehen konnte, geschweige denn ein zwei Tage alter Noriker. Das kleine Pferd war hinten völlig überbaut und stand auch noch mit den Vorderbeinen talabwärts. Es sah mehr wie ein Fragezeichen als ein Pferd aus, und sein Fell und seine Mähne waren stark verschmutzt.

An meiner Mission zweifelnd, brüllte ich mehrmals ein lautes „Hallo" in die Stille. Keine Antwort.

Also rief ich mit dem Handy meine Bekannte an.

„Erstens einmal ist da keiner, zweitens steht das Fohlen ganz verdreht da und ich kann an ihm beim besten Willen nichts Besonderes entdecken. Natürlich ist es lieb – jedes Fohlen ist lieb, deshalb schaue ich es mir lieber gar nicht weiter an. Ich …"

In diesem Moment kam ein Auto den Weg heraufgerumpelt und ich legte auf.

„Fremdenzimmer?", fragte mich der Bauer gleich nach dem Aussteigen wortkarg.

Ich musste mich zusammenreißen, um nicht eine sarkastische Bemerkung zu machen oder unfroh loszulachen. Beim besten Willen konnte ich mir nämlich nicht vorstellen, dass irgendjemand so verrückt war, hier freiwillig seinen Urlaub zu verbringen, ständig mit der Angst vor der Heimreise und mögliche Absturzszenarien im Hinterkopf. Doch ich blieb höflich und verneinte schlicht.

„Sie müssen entschuldigen, ich komme direkt aus dem Spital." Der Mann hievte zwei Krücken aus dem Wagen und zeigte auf einen dicken Verband an seinem Knie. „Aber das verrückte Ross hat mich getreten." Grantig wies er auf das kleine Fohlen auf der schiefen Wiese. Ich warf die Hände in die Luft und verdrehte die Augen, als sich der Bauer von mir abwandte, um die Autotür zu schließen. Na gratuliere, dachte ich mir, bösartig ist er also auch noch!

„Die vom Kärntner Zuchtverband haben mich hierher geschickt", erklärte ich dann. „Ich komme wegen eben dieses Fohlens."

„Dort steht schon der Hänger. Am Samstag fahre ich ihn nach Tarvis auf den Fleischmarkt und verkaufe ihn an die Italiener. Das ist kein Problem. Ich hoffe nur, dass er mir nicht vorher noch eingeht, weil Durchfall hat er eh schon. Aber wenn Sie schon da sind, ich bitte Sie – ich habe da so eine große Milchflasche – können Sie ihm die geben? Ich will dort nicht hinauf zu ihm, ich kann ohnehin kaum gehen."

Schwer auf seine Krücken gestützt stand er vor mir und drückte mir eine Limonadenflasche aus Plastik mit einem großen roten Saugnippel vorne dran in die Hand – das Gefäß war so unglaublich schmutzig … das konnte man sich überhaupt nicht vorstellen! In der Flasche befand sich ein Gemisch aus Kuhmilch, Zucker und Wasser. Ich runzelte nur die Augenbraue. Eines musste man dem Fohlen lassen: Wenn es mit dieser Kost bis jetzt überlebt hatte, musste es zäh sein. Äußerst zäh! Und die Darmprobleme waren damit auch erklärt. Also bog ich mit der ekligen Flasche in der Hand um die Ecke des Hauses und stieg auf dem steilen Wiesenfleck zu dem Fohlen hinauf. Gleich kam es angaloppiert und begann, hungrig an der Flasche zu saugen. Und während es da so nuckelnd von unten zu mir hinaufschaute mit seinen großen dunklen Augen, da war es plötzlich um mich geschehen – ich war schon verloren und schwer verliebt!

Ich habe sicherlich den mehrfachen Fleischpreis für das kleine Pferdchen bezahlt, aber das war mir dann auch schon egal. Das Tier gehörte jetzt zwar mir, aber ich musste es vorerst noch auf dem Hof lassen, weil ich ja in Italien erwartet wurde. Und da ich natürlich keinen Anhänger bei mir hatte, engagierte ich in der Zwischenzeit eine große Pferdetransportfirma und ließ ein perfekt ausgestattetes Gefährt mit Klimaanlage und jeglichem Schnickschnack kommen. Auf meiner Weiterfahrt musste ich die ganze Zeit über lächeln – ich stellte mir das Gesicht des Bauern vor, das er machen würde, wenn dieses Monstrum an neuester Technik über seinen Hof rollte, um ein Schlachtfohlen abzuholen. Aber ich wollte bei dem Transport eines so jungen Fohlens kein Risiko eingehen und die Sache lieber echten Profis überlassen.

Wir sind dann beide zwei Tage später ungefähr zur gleichen Zeit bei mir zu Hause angekommen. Sofort fütterte ich das kleine Pferdchen mit einem guten Stutenmilchersatz, den mir mein Tierarzt empfohlen hatte, und zog es in den nächsten Monaten selbst mit der Flasche groß. Ich taufte das Fohlen Lorenz, weil mir dieser Name immer schon gefiel und ich fand, dass er gut zu ihm passte.

Als Lorenz ein halbes Jahr alt war und schon recht kräftig für sein Alter, wurde er in seinem Verhalten sehr dominant.

Ich ging einmal auf meine große Weide hinauf, um meiner Stute

Mirabell ein Medikament zu geben. Als ich dann die Weide mit der Schüssel in der Hand wieder hinunterging, galoppierte mir mein Lorenz mit vollem Karacho gerade in den Rücken. Mich hat es dort mit so einer Wucht auf den Boden gedroschen, dass ich kurzzeitig dachte: Jetzt ist es vorbei. Ich bekam keine Luft mehr und in meiner Schulter breitete sich ein grässlicher Schmerz aus. Lorenz hüpfte inzwischen ping-pong-artig über mir herum und fand sein Spiel offensichtlich lustig, während ich verzweifelt nach Luft schnappte und nur fliegende Hufe über meinem Kopf sah. Mit letzter Kraft zog ich mich am Boden unter dem Koppelzaun durch, doch der kleine Lorenz lief flugs den Zaun entlang auf die zweite Weide und war schon wieder über mir. Also wartete ich, am Boden liegend, ab, bis er die Lust an der Hopserei verlor. Als er endlich zu springen aufhörte, musterte er mich aus seinen dunklen Augen und stupste mich mit der Nase an, als wollte er mich fragen, warum ich da eigentlich am Boden lag und nicht mit ihm spielen wollte.

Ich stand dann, unter seinem wachen Blick, langsam und vorsichtig auf, spürte allerdings bereits, dass meine Schulter einiges abbekommen haben musste. Und so war es dann auch.

Mein Lorenz entpuppte sich auch als gewiefter Ausbruchskünstler: Wenn der Stallbursche die Tür des Paddocks (grasloser, eingezäunter, zumeist befestigter Auslauf für Pferde) öffnete, um die Scheibtruhe hindurch zu schieben, sprang Lorenz einfach mit einem Satz darüber hinweg und galoppierte quer über den Hof, dann über den Parkplatz und schließlich Richtung Straße. Wie man sich vielleicht vorstellen kann, machte mich das mehr als nur leicht nervös.

Eine Freundin von mir wollte ihn einmal aufhalten, als er wieder einmal ausgebrochen war – die hat er mit einem lässigen Schulterzucken im Vorbeirasen in einen Busch geworfen. Unglücklicherweise befand sich in dem Busch ein Steinmäuerchen, an dem sie sich verletzte. Spätestens nach diesem Vorfall stand mein Entschluss fest: Ich ließ Lorenz kastrieren, damit er etwas ruhiger wurde. Doch seine Späßchen hat er weiterhin mit uns getrieben.

Als er schon über ein Jahr alt und mein neuer Stall gerade fertig geworden war, übersiedelte ich ihn zusammen mit meiner Fjordstute Mirabell und Pantschi, der Eselin meines kleinen Sohnes, in sein neues Zuhause. Gleich am ersten Tag entdeckte Lorenz das vom Zimmermann falsch herum eingebaute Riegelschloss an der Tür meines Offenstalls, schob es einfach mit den Lippen auf und brach unbemerkt in die reichlich frisch gefüllte Futterkammer ein. Als wir Lorenz dort fanden, hatte er schon so viele Äpfel und Karotten, dazu eine große Menge an Kraftfutter, gefressen, dass ich ihn unverzüglich in die Tierklinik bringen musste. Er verbrachte dort zwei Wochen in intensivster medizinischer

Behandlung, und es war die ersten Tage mehr als ungewiss, ob Lorenz überleben würde.

Von jenem Tag an hatte er panische Angst vor Tierärzten, sodass selbst jede Impfung ein Problem darstellte. Lorenz ist bis heute, trotz seiner stattlichen Größe, mein kleines Sensibelchen.

Obwohl aus ihm ein sehr gutes Reitpferd wurde, er sogar einige Turniere gewann und bei Paraden in Schloss Hof mitreiten durfte, hat er dennoch nie die leiseste Gertenhilfe toleriert. Er wehrte sich trotz seiner besonders weichen Trense sofort vehement, wenn ihn einmal jemand mit nicht ganz so weicher Hand am Zügel ritt.

Trotz seiner Position als Herdenchef, ist Lorenz ganz besonders anhänglich geblieben. Er ist das einzige meiner Pferde, das schon von Weitem wiehert, wenn es nur meine Stimme hört – selbst wenn ich den Stall noch gar nicht betreten habe. Zudem ist er ein echtes Sprachtalent: Kommt man zu einem Pferd und es blubbert einen ein- oder zweimal an, ist das normal. Lorenz jedoch blubbert und blubbert und blubbert, wenn er mit mir zusammen ist, als wollte er mir ganz genau erzählen, was er den ganzen Tag über schon alles erlebt hat.

Auch als der Hengst einmal einen Zusammenstoß mit einem Schneepflug hatte, zeigte sich seine äußert sensible Seite: Das Gefährt kam blinkend auf einem sehr engen Weg stetig näher, blieb nicht stehen und wich auch nicht aus. Daraufhin erschrak er so sehr, dass wir fast zwei Jahre vorsichtig mit ihm arbeiten mussten bis er diesen Schock allmählich wieder überwand.

Lorenz spielte mir mit seiner Intelligenz und seinem aufgeweckten Charakter im Lauf der Jahre auch so manchen Streich. Ein Pferd, das mit seinen Lippen beispielsweise Schrauben herausdreht, kann man wohl zu Recht einen Mechaniker nennen.

Einmal fuhr ich mit Lorenz in einen anderen Reitstall, um mit ihm an einem Dressurkurs teilzunehmen. Da ich die Besitzerin des Stalls gut kannte, bat ich darum, dass mein erst vierjähriges Pferd vor dem Kurs in der Halle ein wenig laufen und sich austoben konnte. Es war tiefster Winter, also standen wir gemeinsam in der Halle und sahen zu, wie Lorenz seine Runden lief und ein wenig hin und her sprang. Wir unterhielten uns angeregt und achteten eine Weile nicht auf das Pferd, als es plötzlich aus heiterem Himmel auf uns herabregnete. Die Beregnungsanlage, die im Sommer den staubigen Boden feucht halten sollte, feuerte aus vollen Rohren eiskalte Schauer auf den gesamten Reithallenboden und uns herab. Nach wenigen Sekunden pudelnass, liefen wir schreiend an der Bande mit den Wasserrohren entlang zu dem Schalten der Anlage. Blitzschnell stoppten wir die Sintflut. Bald war klar, wer ihn betätigt hatte.

„Jetzt steht meine Halle seit gut zwanzig Jahren und ich habe über siebzig der verschiedensten Einstellpferde, aber noch nie hat eines davon diese Schalter auch nur angeschaut." Meine Freundin holte tief Luft und blickte dabei verwirrt aus der nassen Wäsche.

„Und mein Lorenz ist zum ersten Mal in seinem Leben hier drin, und schon nach fünf Minuten regnet es!" Ich lachte zwar, doch im Endeffekt wurde aus dem Streich meines Pferdes ein riesiges Problem, weil der Boden natürlich sofort gefror, der Dressur-Kurs verschoben werden musste und alle Reiter sich furchtbar aufregten, waren sie doch extra dafür mit ihren Pferden angereist. Für mich war die Angelegenheit ziemlich unangenehm – dennoch konnte ich mir im Geheimen ein bisschen Stolz auf mein kluges Pferd und ein Lächeln über seine Missetat nicht verkneifen.

Einige Wochen später entdeckte eine Freundin, die mir auf meinem Hof half, dass kein Wasser aus der Tränke der Pferde kam.

„Was heißt, wir haben kein Wasser?", fragte ich ungläubig.

„Schau her!" Sie führte es mir vor. „Da kommt nichts!"

Ich verstand die Welt nicht mehr – der Brunnen lief, die Pumpe funktionierte … wie konnte das also sein? Nachdem ich mir auch nach längerem Überlegen keinen Reim auf das Ausbleiben des Wassers machen konnte, rief ich den Installateur. Der überprüfte alles, während er ständig vor sich hinmurmelte: „Also keine Ahnung, warum Sie kein Wasser haben … Ich kann im System keine Ursache finden." Gemeinsam durchsuchten wir dann den Brunnen, die Schächte und die Wasserpumpe, überprüften alles sorgfältig auf ein verstecktes Leck. Nichts. Bis wir dann endlich dahinterkamen, dass irgendjemand den für die Tränke zuständigen Absperrhahn, der sich im Stall hinter einer Holzverkleidung befand, umgelegt hatte. Das Holzbrett war angenagt und abmontiert, der Hahn geschlossen. Als einziger Verdächtiger kam wieder einmal nur mein Lorenz in Frage, der ein wenig schuldbewusst unter seinen langen schwarzen Wimpern hervorblickte.

Seinetwegen habe ich den Stall und die Weiden in allen Details auf „lorenz sicher" umrüsten müssen. Es prangen an jeder Tür drei Schlösser und ein Riegel ganz unten, damit er nicht dazu kann. Aber hie und da gelingt ihm immer noch ein Schabernack.

Die anderen Pferde interessieren sich nicht dafür, wenn ein Handwerker im Stall arbeitet. Es amüsiert mich aber jedes Mal, meinem klugen Wallach zuzusehen, wenn ein Monteur anwesend ist. Er schaut jedem Handwerker ganz genau über die Schulter, so als überlegte er in dem Moment, wie er das Ding, das neu angebracht wurde, später wieder abmontieren könnte.

Selbst die Dachrinne war vor ihm nicht sicher – Lorenz ist und bleibt ein verkappter Mechaniker, der aber zu unserem Leidwesen nichts von dem auch wieder reparierte, was er zuvor mit Feuereifer und seiner Lippenfertigkeit zerlegt hatte.

Lorenz wurde das Lieblingspferd meines Sohnes und die beiden ritten oft gemeinsam im Gelände über Stock und Stein. Sie waren so vertraut miteinander, dass sie zuweilen sogar ein gemeinsames Mittagsschläfchen hielten.

Bei meinem lieben Franzl handelte es sich um ein Schlachtfohlen.

Ich befand mich auf einem Schlachthof, um nach einem Spielgefährten für meine Laura zu suchen, die ich ja so lange selbst aufgezogen hatte. Ich wollte, dass sie mit einem gleichaltrigen Artgenossen herumtoben konnte, um dabei auch die typischen Verhaltensweisen eines Pferdes zu erlernen. Und gleichzeitig konnte ich einem Jungtier das Leben retten, das es sonst in diesem Betrieb verlieren würde.

Ich ließ mir eine Gruppe Haflinger- und Norikerfohlen zeigen, als ich ihn entdeckte. Mit seiner hübschen Tigerfärbung stach er deutlich aus der Gruppe heraus. Ich ließ meinen Blick über seine Statur gleiten und suchte nach dem Grund seiner Anwesenheit. Dann entdeckte ich sie – die Fehlstellung seines rechten Vorderfußes. Aus diesem Grund war er also hier gelandet, deshalb sollte für den erst sechs Monate alten Hengst in diesem Betrieb Endstation sein.

Bei jedem einzelnen Pferd, das mir vorgeführt wurde, brach mir das Herz. So viele hübsche und gesunde junge Tiere – es war wirklich eine Schande! Am liebsten wollte ich sie alle retten. Wie konnte man dort stehen und entscheiden, wen man vor seinem Schicksal bewahrte? Wie konnte man gleichsam Herr über Leben und Tod sein? Aber auch ich war nicht in der Lage, sie alle zu retten. Also entschied ich mich für das Tier mit der Tigerfärbung.

Dieser Hengst hatte etwas Edles an sich und ließ mich keine Sekunde aus den Augen. Man zeigte mir seine Papiere, ich las, dass er Franz Elmar hieß, und taufte ihn kurzerhand Franzl. Wieder einmal hörte ich auf meine innere Stimme, kaufte ihn und brachte ihn sofort in die tierärztliche Universitätsklinik. Bei den Untersuchungen stellte sich heraus, dass ich mich nicht geirrt hatte: Das rechte Vorderbein wies mit einer deutlichen Verdrehung nach innen tatsächlich eine Fehlstellung auf. Man erklärte mir, dass man bei einem ganz jungen Fohlen eine operative Korrektur noch hätte vornehmen können, Franzl aber bereits zu groß dafür war. Mit einem orthopädischen Hufbeschlag wollte man zwar etwas Abhilfe schaffen, doch als Reitpferd würde er wohl nie wirklich belastbar sein. Ich wünschte mir jedoch nur, dass er ein normales Pferdeleben ohne Arbeitsbelastung führen und sich mit der Herde auf der Koppel normal mitbewegen konnte. Bei guter Pflege, regelmäßigem Spezialbeschlag und begleitender Therapie war all das möglich, versicherte mir der Tierarzt. Gleichzeitig jedoch riet er mir davon ab, das Pferd überhaupt aufzuziehen, weil er bei dieser ungewissen Prognose überhaupt keinen Sinn darin entdecken konnte. Aber wie so oft war mein Herz wieder einmal größer, als mein Verstand, und so fuhr ich mit meinem Franzl nach Hause.

Nie hatte ich ein derart braves Fohlen. Der junge Hengst erwies sich als der geborene Gentleman. Alle üblichen Unarten junger Pferde waren ihm völlig fremd. Die langwierigen Behandlungen ließ er geduldig über sich ergehen und spielte den

lieben langen Tag mit meiner Laura. Franzl wuchs zu einem prachtvollen Nori-
kertiger heran und schloss auch mit Herdenchef Lorenz – meinem Norikerfuchs,
den ich ebenfalls mit der Hand aufgezogen hatte – eine innige Lebensfreundschaft.

Die beiden sind immer zusammen und spielen viele Stunden am Tag mitei-
nander. Aufgrund seiner Nähe zum Boss genießt Franzl eine ganz besondere
Stellung innerhalb meiner Pferdeherde und schafft hie und da, sozusagen als
Vizechef, auch selbst Ordnung.

Bei langsamen, schonenden Ausritten mit aufgekratzten Jungpferden ist Franzl
Gold wert – seine Ruhe und Gelassenheit überträgt sich auf alle anderen Tiere.
Obwohl er für immer ein Patient bleiben wird, habe ich meine Entscheidung,
ihn zu mir zu nehmen, niemals bereut. Heute lebt er glücklich und zufrieden
in seiner Herde und freut sich sichtlich auf jeden neuen Tag. Er tollt so unbe-
kümmert und fröhlich mit den anderen Pferden auf den Wiesen herum, dass
man ihm nie anmerken würde, dass er einen schlecht gestellten Fuß hat. Franzl
ist in ständiger begleitender Physiotherapie und bekommt alle sechs Wochen
spezielle orthopädische Hufbeschläge. Um die besten Behandlungsmöglich-
keiten für ihn herauszufinden, fuhr ich mit dem jungen Hengst einst sogar bis
nach Italien auf einen Pferdeorthopädiekongress.

Natürlich gibt es immer wieder auch Krisen. Letztes Jahr zum Beispiel zog sich
Franzl auf meiner Waldkoppel eine 20 Zentimeter lange stumpfe Stichverlet-
zung von einem spitzen Ast quer durch alle Sehnen und Bänder seines gesunden Fußes zu. Da hatte ich große Angst, ihn zu verlieren, wenn er sich nicht
mehr ohne Schmerzen auf den Beinen halten könnte. Wieder lohnte sich der
unermüdliche Einsatz meiner Tierärzte, und zum Glück verheilte alles wieder,
und so blieb er mein verlässlicher Begleiter.

Manchmal denke ich an die Schlachtfohlen zurück, die mit ihm zusammen zum Tod verurteilt worden waren. Zum Glück ist es uns damals gelungen, noch drei weitere Fohlen zu retten und an private Besitzer zu vermitteln, doch das Schicksal der anderen Tiere belastet mich heute noch. Ich muss auch zugeben, dass ich mir seither keine Schlachtfohlen mehr angesehen habe. So schwer es mir auch fällt – ich kann sie nicht alle retten, und der Anblick jedes einzelnen jungen todgeweihten Pferdes verfolgt mich über Jahre.

Der schöne Leopold

Leopolds Geschichte begann tragisch.
Die Tränke in der Box seiner Mutter war defekt. Der Stallbursche und auch alle anderen Leute in dem großen Betrieb, in dem Leopold geboren wurde, hatten das Problem tagelang nicht bemerkt. Erst als die dehydrierte Stute schwere gesundheitliche Probleme bekam, wurde sie in die Universitätsklinik gebracht, wo sie noch in derselben Nacht an einem Nierenversagen verstarb. Das arme Tier war qualvoll verdurstet. Übrig blieb Leopold, ihr wunderschönes, drei

Monate altes Fohlen. Wieder bat man mich um Hilfe. Nie werde ich den Anblick des kleinen Leopolds vergessen, wie er da so hilflos, verzweifelt und ganz allein dastand und mich herzzerreißend aus seinen dunklen Augen ansah. Es war furchtbar. Der kleine Hengst tat mir so unglaublich leid. Ich nahm ihn sofort mit zu mir nach Hause und kümmerte mich fortan intensiv um ihn. Wollte ich doch alles daran setzen, ihn sein trauriges Schicksal vergessen zu lassen und zu einem gesunden und lebensfrohen Tier heranzuziehen.

Leopold entwickelte sich zu meinem allergrößten Pferd. Selbst Fachleute haben mir oft versichert, dass sie noch nie einen derart prächtigen Noriker gesehen haben, der in seiner Größe schon an ein Shire-Horse heranreicht.

Vom Wesen her ist er ein sehr liebes Tier, aber definitiv kein „Arbeiter".

Mit seiner herrlichen langen schwarzen Mähne und dem schön gezeichneten schwarz-weißen glänzenden Fell meint er wohl, seine Schönheit allein genüge. Ausreiten und ein bisschen spazieren gehen gefällt ihm, aber alles, was in Arbeit ausarten könnte oder seiner Meinung nach zu viel Disziplin beim Reiten verlangen würde, verweigert er gekonnt. Dafür ist Leopold so wunderhübsch, dass viele Leute, die in den Stall kommen, um die Pferde anzuschauen, nur ihn sehen. Ich lasse Leopold gewähren und zwinge ihn nicht zu Dingen, die er nicht machen will. Seine Aufgabe ist eben, schön zu sein. Scherzhaft nenne ich ihn manchmal „Gigolo", weil er alle bezaubert.

Leopold ist der beste Freund von Ferdinand, dem Sohn meiner geliebten Stute Laura. Mit nur einem Jahr Altersunterschied sind die beiden ideale Spielgefährten und toben den ganzen lieben Tag zusammen über die Wiesen.

Leonardo, der Familiencoach

Leonardo kam durch eine kuriose Wendung des Schicksals zu mir. Ich hatte den Stall, den Helmut Pechlaner auf meinem Gelände später nicht mehr benötigte, vermietet. Hohe Schulden und offene Futterrechnungen hinterlassend, waren diese Leute dann allerdings eines Tages von heute auf morgen auf und davon. Als quasi Ausgleich für die Rückstände blieb ihr damals einjähriger Hengst Leonardo zurück. Anscheinend hatte man keine Verwendung mehr für ihn. Das Pferd blickte mich ebenso verdutzt an, wie ich ihn, als ich den leergeräumten Stall betrat.

Dieses Erlebnis stellte zugleich das Ende meiner Vermietertätigkeit dar. Im Lauf der Zeit füllte sich dieses zweite Stallgebäude auf meinem Gelände ohnehin mit Tieren, die einen Platz zum Leben brauchten.

Leonardo ist ein eher gedrungener Typ eines Norikers und charakterlich von unsäglicher Gutmütigkeit, sowohl Menschen als auch seinen Herdengenossen gegenüber. Als meine Stute Laura ein Fohlen erwartete, ist Leonardo ihr monatelang nicht von der Seite gewichen. Im fortgeschrittenen Zustand ihrer Trächtigkeit, durfte nur mehr der rücksichtsvolle und zärtliche Leonardo in die Nähe der schon sehr unförmigen Stute, während sie die anderen rüpelhafteren Pferde mit zurückgelegten Ohren verjagte. Als Ferdinand dann geboren wurde, ließ Leonardo sich wie ein guter Onkel alles von ihm gefallen und

spielte unermüdlich mit dem Fohlen. Er ließ es immer wieder mit den kleinen Vorderhufen auf seinen Rücken springen, ohne jemals die Geduld zu verlieren. Wir nannten ihn damals unser Kindermädchen.

Musste eines meiner Pferde krankheitshalber oder verletzungsbedingt von den anderen separiert werden, so war Leonardo immer der ideale Leidensgenosse. Freundlich stand er dem Patienten bei, ertrug seine Launen mit stoischer Ruhe und lenkte den kranken Gefährten mit stundenlangem zärtlichem Fellkraulen ab. So kam er zu seinem Spitznamen „Krankenschwester".

Als einziger meiner Noriker entwickelte Leonardo im Alter von zehn Jahren eine schwere Hufrehe, die wir anfangs kaum in den Griff bekamen. Diese schwere Stoffwechselstörung war bei ihm anlagebedingt und verursachte schmerzhafte Entzündungen in seinen Vorderhufen. In seinem besonders schweren Fall hatten sich auch schon die Hufbeine stark herabgesenkt. Trotz starker Medikamente schafften wir es damals über mehrere Tage lang nicht, seine Schmerzen wirklich zu lindern. Vier Tierärzte rieten mir, nachdem sie die katastrophalen Röntgenbilder seiner Vorderhufe gesehen hatten, ihn sofort einzuschläfern. Ich war untröstlich und wandte mich als letzten Versuch an eine sehr bekannte und bewährte Professorin der orthopädischen Universitätsklinik für Pferde in Wien. Ich mailte ihr alle Befunde und Röntgenbilder meines armen Leonardo, fast ohne große Hoffnung, von ihr etwas anderes zu hören, als von ihren Kollegen. Die Veterinärin rief mich umgehend zurück und meinte, erst müssten wir das Pferd von seinen starken Schmerzen befreien, erst dann könnte man versuchen, mit speziellen Beschlägen eine Regeneration der Hufe zu erreichen. Das ginge aber nur mit Dauerinfusionen in der Klinik über mehrere Tage lang. Es wäre ein letzter Versuch, meinte sie, versprechen wollte sie mir nichts, aber ich müsste im Sinne des schmerzgeplagten Tieres sofort entscheiden. Ich sah meinen Leonardo mit seinem verzweifelten, schon etwas panischen Blick an und fragte mich, was wohl das Beste für das Pferd sei. Sollte ich ihm den langen Transport und die intensive Behandlung in der Klinik zumuten, oder ihn erlösen? Konnte er es überhaupt schaffen? Würde ich eher für mich entscheiden, wenn ich ihn noch nicht gehen ließ, anstatt im Sinn des Pferdes? Was sollte ich tun? Letzten Endes brachte ich es nicht übers Herz, dieses brave, gutmütige Pferd töten zu lassen. Wenn auch nur noch eine geringe Hoffnung bestand, so wollte ich ihm diese letzte Chance nicht verwehren.

Sediert und mit starken Schmerzmitteln vorbehandelt, überstand Leonardo den Transport in die Klinik und war tatsächlich nach 36 Stunden an der Dauerinfusion beschwerdefrei. Mit extra aus Schottland importierten speziellen Kunststoffbeschlägen, die auf seine Hufe geklebt und mit Gipsen fixiert wurden, wagte Leonardo schließlich die ersten Schritte. Und siehe da, er konnte sich damit ohne Probleme bewegen. Mehr als ein halbes Jahr lang erneuerte ein speziell ausgebildeter Hufschmied diese Beschläge alle vier Wochen, damit sich neues Horn bilden konnte und Leonardos Hufe sich regenerierten.

Trotz seiner damals grauenhaften Befunde geht es Leonardo seither hervorragend. Er ist ohne Medikamente schmerzfrei, hat noch immer einen Spezialbeschlag und wird beim Futter entsprechend kurz gehalten. Er erfüllt seine ganz spezielle Aufgabe in meiner Pferdeherde voll und ganz. Mein Leonardo ist der Familiencoach, Sozialarbeiter und Krankenpfleger: Bricht einmal ein Rangordnungsgerangel aus, trottet er ruhig hinzu und glättet die Wogen, steht ein Pferd ausgeschlossen am Rand, stellt er sich demonstrativ zu ihm, und ist eines der Tiere krank, leistet er geduldig Beistand.

Ich finde es immer wieder faszinierend, wie die Pferde einzelne Aufgaben in der Gruppe übernehmen und ihre Gesellschaft reibungslos funktioniert. Jeder ist auf seine Weise wichtig für das Glück der ganzen Herde.

Noriker stammen von den Legionspferden der alten Römer ab. Nach dem Ende der Römerzeit hielt sich diese Pferderasse nur noch in den Alpen der Provinz Noricum. Von dort haben sie den Namen erhalten.

Die kräftigen österreichischen Kaltblüter wurden als Arbeits- und Kutschenpferde weitergezüchtet. Diese Pferde sind vor allem ruhig, gutmütig und trittsicher und werden heute besonders von Freizeitreitern und Gespannfahrern geschätzt.

Die ruhigen Noriker eignen sich auch hervorragend als Therapiepferde.

Norikerpferde zählen zu den gefährdeten Haustierrassen. Sie werden auch heute auch noch zur Brauchtumspflege bei Umzügen verwendet.

Besonders seltene Farbschläge sind die gepunkteten Tigerschecken, die zweifärbigen Kuhschecken und die Mohrenköpfe (grau mit schwarzem Kopf). Noriker können bis zu 1000 Kilo schwer werden, wogegen ein Warmblutpferd ca. 500 Kilo auf die Waage bringt.

Norikerpferde sind sehr genügsame Tiere und für schwere körperliche Arbeit bestens geeignet. Allzu reichliche Fütterung bei nur leichter Arbeit, zum Beispiel als Freizeitpferd, führt oft zu unkontrollierter Gewichtszunahme und damit zu gesundheitlichen Problemen.

10 Meine ältesten Freunde

Anastasius auf Abwegen

Schon als kleines Kind fühlte ich mich stark zu Schildkröten hingezogen. Seit meinem dritten Lebensjahr besitze ich nun mein Schildkrötenmännchen Anastasius. Es gab auch eine Anastasia, aber leider hat sie damals ihren ersten Winterschlaf nicht überlebt. Glücklich mit seiner Zweitfrau Anastasia II. lebt mein Anastasius bis heute bei mir und bewohnt den Sommer über einen extra für ihn abgegrenzten Teil meines Gartens, wo er sich an kühlen Tagen in ein gläsernes Frühbeet mit viel kuscheligem Heu zurückziehen kann. Es zogen im Lauf der Jahre noch weitere Schildkröten, die dringend einen Platz benötigten, zu uns. Zwei davon sind noch sehr jung und leben daher in einem Terrarium in meiner Küche, wo ich sie jederzeit beobachten kann. Entgegen der Meinung vieler Leute, sind Schildkröten alles andere als langweilig. Sie verfügen über einen hervorragenden Geruchssinn, können sehr gut Farben und Formen erkennen und haben ein sehr feines Gespür für Erschütterungen. Die sympathischen Panzertiere sind auch durchaus imstande, ihre Bezugsperson zu identifizieren. Mein Anastasius erkennt mich immer gleich und kommt eilig angekrochen, sobald ich mich nähere. Er reckt seinen Hals so weit es geht aus seinem Panzer, um sich von mir ausgiebig an der Kehle streicheln zu lassen.

Besonders mit meiner Großmutter verband ihn über viele Jahre hinweg ein inniges Verhältnis. Kaum ließ sie sich am Nachmittag auf ihrem Lieblingsplatz im Garten zum Kaffeetrinken nieder, kam Anastasius auch schon hinter einem Busch hervorgekrochen und setzte sich neben sie auf einen Stein, um mit ihr zusammen die Nachmittagssonne zu genießen. Natürlich vergaß sie nie, auch für ihn eine saftige Erdbeere oder sonstige Leckerei zur gemeinsamen Jause mitzubringen. Und fühlten sich die beiden unbeobachtet, dann führten sie auch so manches Zwiegespräch.

Schildkröten bewegen sich außerdem weit rascher, als man denkt. Schon so mancher wunderte sich, wie schnell so ein Panzertier, kaum hat man es kurz aus den Augen gelassen, verschwunden ist. Entlaufene Schildkröten sind leider ein sehr häufiges Problem, graben sie sich doch auch gerne durch Zäune und andere Begrenzungen in die Freiheit. Da mein gesamter Garten von einer Mauer umgeben ist, hatte ich diesbezüglich nie Bedenken. Doch ich sollte die Gefahr unterschätzt haben.

Eines Tages fehlte von Anastasius, meinem alten Gefährten, jede Spur. Er erwartete mich nicht, als ich in den Garten kam, und saß nicht an seinem sonnigen Lieblingsplatz. Sofort machte ich mich auf die Suche, aber leider ohne Erfolg. Er hatte damals schon eine stattliche Größe von fast 30 Zentimetern und konnte doch nicht einfach so durch die Mauer verschwunden sein! Auch hielt ich es für sehr unwahrscheinlich, dass er sich an diesem heißen Sommertag vergraben hatte. Ich drehte jeden Stein in meinem Garten um und suchte den ganzen Tag nach der Schildkröte. Aber es half alles nichts, Anastasius blieb verschwunden. Gleich am nächsten Tag ließ ich einen Reptilienexperten kommen, der sich auf das Aufspüren der wechselwarmen Tiere spezialisiert hatte. Stundenlang durchkämmte auch er meinen Garten.

„Die Schildkröte ist nicht mehr auf diesem Grundstück, das garantiere ich ihnen", meinte er schließlich, bevor er wieder heimging.

Ich zerbrach mir weiter den Kopf, auf welche Weise mein Anastasius wohl ausgebrochen und danach verschwunden sein konnte, aber mir fiel beim besten Willen keine derartige Möglichkeit ein. Konnte es sein, dass jemand über den Zaun gestiegen war und ihn mir gestohlen hatte?

Sollte ich nach so langer Zeit meinen Freund von Kindertagen verloren haben? Und welch ungewisses Schicksal drohte dem Tier womöglich?

Untröstlich bepflasterte ich meine ganze Umgebung mit Flugzetteln und verständigte Polizei, Gemeinde und Tierschutzhäuser. Meine Freunde in der Kronenzeitung erlaubten mir damals sogar, einen Artikel im Lokaltext über meinen Anastasius zu verfassen. Ich beschrieb, wie lange ich ihn schon hatte, wie schmerzlich er mir fehlte, und dass er durch einen Chip jederzeit zu identifizieren wäre. Der Zuspruch der Leser war damals überwältigend, ich bekam viele Zuschriften auf meinen Artikel, und es tauchten auch überraschend viele gefundene Schildkröten, teilweise weit weg von Anastasius' und meinem Zuhause, auf. Viele konnten wir an ihre Besitzer zurückgeben, zwei, die sich in einem besonders schlechten Zustand befanden, pflegte ich gesund und habe sie bis heute. Nur mein Anastasius blieb verschwunden. Durch die Geschichte in der Zeitung aufmerksam geworden, gab sogar Radio Niederösterreich die

Vermisstenmeldung meines Anastasius' durch. Ich war sehr gerührt über so viel Unterstützung und bedankte mich noch einmal mit einem kurzen Artikel bei den hilfsbereiten Lesern, in dem ich auch von den zahlreichen anderen gefundenen Schildkröten berichtete. Mit der Zeit verhärtete sich mein Verdacht, den ich von Anfang an gehabt hatte: Mein Freund war mir gestohlen worden! Dieser himmelschreienden Ungerechtigkeit, dass der Täter womöglich niemals gefunden wird, und ich wegen dieser Person meine älteste Schildkröte an ein mehr als ungewisses Schicksal verlor, wollte ich unbedingt auf den Grund gehen. Ich suchte weiterhin die ganze Umgebung nach Anastasius ab, doch es fehlte weiterhin jede Spur von ihm. Da ich mich jedoch auch weiterhin weigerte, seinen Verlust zu akzeptieren, setzte ich auch noch riesengroße Anzeigen in verschiedene Zeitungen. Wenn es sein musste, sollte ruhig das ganze Land erfahren, dass ich meine Schildkröte vermisse!

Ich staunte nicht schlecht, als ich eines Morgens aus meinem Haus trat und Anastasius wohlbehalten vor meiner Tür saß! Mit seinen Augen schien er zu lächeln, als er mich erkannte.
Somit wusste ich, dass er mir tatsächlich gestohlen worden war! Vermutlich hatten die Annoncen in den Zeitungen den frechen Dieb zur Rückgabe meiner Schildkröte bewogen. Irgendwann schien dem Missetäter die ganze große Aufmerksamkeit wohl zu viel geworden zu sein.

Überglücklich hob ich Anastasius auf und sah, dass sein Panzer eine eigentümliche Zeichnung in roter und blauer Farbe trug. Ich servierte meinem Freund mit seiner Kriegsbemalung sogleich ein Festmahl im Garten, das er eilig verputzte. Zum Glück hatte er keinen Schaden davongetragen. Alles ist gerade noch einmal gut gegangen und mein Anastasius sowie meine anderen vier Schildkröten leben mit mir bis heute noch glücklich zusammen.

Ein gebrochener Panzer

Eines Tages rief mich ein befreundeter Tierarzt an und erzählte mir von zwei Meerschweinchen, einem Kaninchen und zwei Schildkröten, die unter schrecklichen Umständen gehalten wurden. Da sie in der Nähe meines Stalls lebten, fuhr ich sofort dorthin und bot den Besitzern an, ihnen die Tiere abzunehmen, um ihnen ein besseres Leben zu ermöglichen. Die Leute schienen heilfroh, die Tiere abgeben zu können, und so wurden sie mir auch gleich ausgehändigt. Die beiden Schildkröten sahen furchtbar aus: Bei dem einen Tier war der Schwanz gebrochen, vermutlich aufgrund eines Sturzes, bei dem anderen der Panzer. Gewohnt hatten die beiden in einer Schuhschachtel im trockenen Heizungskeller, waren daher stark ausgetrocknet und offensichtlich völlig falsch ernährt worden. Es zeigten sich schwere Mangelerscheinungen bei den total geschwächten Tieren. Bei dem Weibchen wusste ich nicht einmal mit Sicherheit, ob ich sie noch retten konnte.
Ich fuhr sofort zu einem befreundeten Zootierarzt, der den beiden Schildkröten sogleich Infusionen verabreichte und mir Aufbaufutter mitgab. Ich besorgte auch noch schnell ein Terrarium, in dem sie die richtige UV-Strahlung, Temperatur und Feuchtigkeit erhalten würden. Den ganzen Winter hindurch pflegte ich die geschwächten Tiere, jeden Tag wurden sie gebadet und ihre Ernährung mit frischen, vitaminreichen Kräutern ergänzt. Schlussendlich hat sich sogar

das Weibchen gut erholt und stetig besser gefressen. Seit ihrer Genesung leben die beiden gemeinsam mit Anastasius, Anastasia II. und den beiden Fundschildkröten Willi und Lilli in meinem Garten und erfreuen sich bester Gesundheit.

INFO

Schildkröten sind sehr scharfsinnige Tiere. Sie können Farben besser sehen als Menschen, und ihr Geruchsinn ist besonders stark ausgeprägt. Schildkröten haben ein voll ausgebildetes Innen- und Mittelohr, aber kein Außenohr. Sie können Vibrationen in ihrer Umgebung sehr gut wahrnehmen. Schildkröten werden häufig über hundert Jahre alt. Weltweit existieren über 340 Schildkrötenarten.

Schildkröten vermehren sich, indem das Weibchen eine Eigrube gräbt, ihre Eier hineinlegt und die Grube mit den Hinterbeinen wieder zuschaufelt. Das Ausbrüten wird der Sonne überlassen. Nach 90 Tagen schlüpfen die kleinen Schildkröten und graben sich selbstständig aus der Eigrube nach oben.

TIPP

Junge Schildkröten brauchen ein beheiztes Terrarium, ältere Tiere ein gesichertes Gartengehege mit ausreichend Platz und Versteckmöglichkeiten. Ab Oktober halten Landschildkröten in unserem Klima einen vier- bis sechsmonatigen Winterschlaf, für den sie eine konstante Temperatur unter zwölf Grad C benötigen. Die Tiere sollten während des Winterschlafes regelmäßig kontrolliert werden.

Für den Handel und die Haltung von Schildkröten ist ein Herkunftsnachweis erforderlich.

11 Graue Wiffzacks

Die Geschichte meiner nubischen Wildzwergesel und meines Mulis nahm ihren traurigen Anfang im ehemaligen Tierpark, in dem es den Tieren wirklich sehr schlecht ging. Pedro, der Hengst, und die zwei Eselstuten, Gabi und Clementine, hatten schon jahrelang dort gelebt, bevor ich sie entdeckte und schließlich unter meine Fittiche nahm. Mit von der Partie war Gretl, ein kleines rotbraunes Muli, das wohl aus einem Fehltritt des Eselhengstes mit einer Shetlandpony-Stute stammte.

Als ich die Tiere damals zu mir nahm, waren die Stuten hochträchtig, und mir zog es vor Schmerz das Herz zusammen, als ich sie sah: Aufgrund einer starken Hufrehe waren sie so geschwächt, dass sie schon lange nicht mehr richtig stehen konnten. Sie krochen vor meinen Augen auf ihren Karpalgelenken vorwärts – das ist ungefähr so, als könnten wir Menschen uns nur auf Knien fortbewegen. Ihr ehemaliger Halter hatte ihre Hufe nie geschnitten, daher sahen sie aus wie kleine Schlitten. Noch dazu waren beide Tiere derart schwach und schlecht ernährt, dass mir jeder, der sie in ihrem elenden Zustand sah, riet, sie einschläfern zu lassen, um ihr Leiden zu beenden. Ich allerdings weigerte mich. Ich konnte doch nicht einfach zwei Stuten samt ihrer ungeborenen Babys töten! Also nahm ich mich ihrer an. Ich beschloss, um sie zu kämpfen und alles in meiner Macht stehende zu unternehmen, um die beiden Eselinnen und ihre noch ungeborenen Fohlen zu retten. Nach langen Aufenthalten in einer Pferdeklinik, wo sie mit Gips an den Beinen und kräftigenden Infusionen intensiv behandelt und so weit stabilisiert worden waren, kamen sie wieder auf die Beine und konnten mit speziellen Hufbeschlägen einigermaßen normal gehen.

Der kleine Zuckerdieb

Doch gerade in diesem Jahr, als Helmut Pechlaner und ich die Bewohner des alten Tierparks übernommen hatten, schien der Wettergott gegen uns zu sein. Im Oktober machte ein früher Wintereinbruch eine adäquate Versorgung der geschwächten und kranken Tiere vor Ort unmöglich. Binnen kürzester Zeit war das Wasser eingefroren und eine Eiseskälte hatte sich über das ganze Land gelegt. Die Rettung lautete wieder einmal: Tiergarten Schönbrunn. Gemeinsam brachten wir die Tiere erst einmal dort unter, wo sie bestens versorgt wurden. Nach dem Klinikaufenthalt durfte ich auch meine Esel und das kleine Muli den Winter über im Wiener Zoo einquartieren.

Bald darauf brachte dort eine der Stuten, Clementine, ihr entzückendes kleines Fohlen Paulinchen zur Welt.

Gabi, die anscheinend auch die Mutter von Clementine und daher schon wesentlich älter war, bereitete mir jedoch noch große Sorgen. Sie befand sich immer noch in einem sehr geschwächten Zustand und schien stark mitgenom-

men von ihrer Trächtigkeit, von der ich nicht genau wusste, wie weit sie schon fortgeschritten war. Sie wollte sich nicht so recht erholen und schien von Tag zu Tag mehr unter ihrer Kraftlosigkeit zu leiden. Schließlich brachte ich die alte Eselin wieder in die Pferdeklinik, in der sie später unter den wachsamen Augen der Ärzte ihren Sohn Julius zur Welt brachte. So kam es, dass in dieser noblen Pferdeklinik zwischen all den teuren Reitpferden auch eine schmale, alte Eselin mit ihrem entzückenden, flauschigen kleinen Fohlen stand. Der kleine Julius war unglaublich süß, bestand fast nur aus Augen, Ohren und Beinen. Mit ihm hatten wir von Anfang an viel Spaß. Bald wurde er der Liebling des Personals und durfte zeitweise auch frei dort herumlaufen. Ich ließ Mutter und Sohn noch zwei Wochen in der Klinik, damit sich die alte Eselstute noch so richtig gut von der Geburt erholen konnte.

Der kleine Julius versetzte uns mit seiner Klugheit von Anfang an in Erstaunen. Das bezaubernde, winzige Eselchen sauste blitzschnell in der Klinik herum, schien überall zugleich zu sein, beschnupperte alles interessiert, sah sich die Einrichtung ganz genau an und zeigte keinerlei Scheu vor Menschen oder den großen Pferden. Am dritten Tag hatte Julius bereits herausgefunden, dass es bei diesem großen Kasten, bei dem sich die Zweibeiner ihren Kaffee holten, eine Taste gab, auf der „Extrazucker" stand. Und einer eben jener Zweibeiner musste diese Taste für ihn gedrückt und ihm den Extrazucker gegeben haben. Einmal gesehen und gleich verstanden. Mein kleines Eselchen verfolgte von diesem Moment an jeden, der in Richtung des Kaffeeautomaten ging, und wer nicht dorthin wollte, den verfolgte der kleine Julius so vehement, dass die betreffende Person gar nicht anders konnte – er ließ nicht eher locker, bis er seinen Zucker erhielt.

Es dauerte natürlich ein bisschen, bis wir dahinter kamen. Denn anfangs hat wohl jeder geglaubt, dass der kleine Julius dieses Verhalten nur bei ihm zeigte und dass man dem herzigen Tier wohl ab und zu eine Freude machen könne. Als die Sache ans Licht kam, wurden die Zuckergaben natürlich sofort unterbunden, weil so viel Süßes einem kleinen Eselchen nicht gut tut. Ein- oder

zweimal täglich haben wir ein Auge zugedrückt, weil Julius so unglaublich gescheit war und wir ihm die Freude nicht verderben wollten. Wenn er aber einmal gar nicht folgte, konnte man das kleine zarte Fohlen einfach unter den Arm klemmen und zu seiner Mutter zurücktragen.

Mein Julius war von der ersten Minute an einfach bezaubernd und sehr gewitzt, aber auch freundlich und gutmütig. Wenn mein kleiner Sohn ihm Hüte aufsetzte oder Jacken anzog, ließ er sich das bereitwillig gefallen und machte jeden Spaß gerne mit. Die beiden waren ideale Spielgefährten. Auch heute noch ist unser Julius ein ausgesprochen lieber, aufgeweckter Esel, der sein Leben in Gesellschaft seiner Artgenossen auf meinem Hof voll und ganz genießt. Seine Mutter erholte sich damals sehr gut und lebte noch fünfzehn lange, schöne Jahre bei uns.

Gretl auf Professorenjagd

Gemeinsam mit den nubischen Wildzwergeseln hatte ich auch die kleine Gretl vom Tierpark übernommen. Gretl ist ein hübsches kleines rotbraunes Muli, das Kind einer Shetlandpony-Stute und Eselhengst Pedro. Auch sie hatte anfangs schwerste Hufrehe und war nicht imstande, selbst aufzustehen. Sie litt unter starken Schmerzen und bekam in der Pferdeklinik sofort Rehegipse an die Beine, die sie wochenlang tragen musste. Sie litt zu dem Zeitpunkt allerdings leider auch schon an einer chronischen Stoffwechselstörung, weshalb sie nie ganz gesund wurde. Die Weidesaison im Sommer verbrachte Gretl die ersten Jahre im Tiergarten Schönbrunn, weil sie dort auf einem gesandeten Auslauf die für sie so gefährliche Jahreszeit gut überdauern konnte. Frisches Gras ist aufgrund ihrer Stoffwechselerkrankung Gift für meine Gretl. Schließlich behielt ich sie doch wieder das ganze Jahr über bei mir, weil ich sah, dass sie nicht mehr gerne verreiste und lieber zu Hause bei ihren Herdengenossen bleiben wollte. Sie hat einen Auslauf mit extra weichem Boden für ihre Hufe, bekommt ein Spezialfutter für Reheponys, und statt Stroh ist ihr Stall mit weichen Sägespänen eingestreut.

Obwohl Gretl immer noch von Zeit zu Zeit die Hilfe eines Tierarztes braucht, ist sie ein sehr fröhliches Muli und genießt sichtlich ihr Leben.

Gretl hat außerdem eine sehr starke Persönlichkeit. Die Kombination von Esel und Shetlandpony birgt einiges an Temperament in sich. Sie ist zwar klein, aber unglaublich zäh, lebhaft und sehr wehrhaft, besonders bei Tierärzten. Also musste ich ihr in ihrem Stall einen eigenen Behandlungsstand bauen lassen, damit sie untersucht und behandelt werden konnte, ohne den armen Tierarzt zu beißen oder zu treten.

Gretl ist zudem das einzige Pferd, das ich je gesehen habe, das einen Menschen jagt! Einmal sollte ihr ein Professor von der veterinärmedizinischen Universität eine Injektion verabreichen. Gretl aber hatte partout etwas dagegen, musste sich aber letztlich doch fügen, weil wir sie zu ihrem eigenen Wohl mit vereinten Kräften festhielten. Das drahtige kleine Muli aber war unglaublich wütend.

Nachdem ich es losgemacht hatte, jagte es den Mann mit aufgerissenem Maul, wie ein bissiger Hofhund, über das gesamte Areal. Er konnte sich gerade noch retten, indem er blitzschnell die Tür meines zweiten Stallgebäudes hinter sich zuzog. Wir haben noch lange darüber gelacht! Da rennt doch tatsächlich so ein kleines Pferdchen, das ja eigentlich ein Fluchttier sein sollte, mit einem Affenzahn dem Professor hinterher, um ihn für seine schmerzhafte Behandlung zur Rechenschaft zu ziehen! So etwas kann eben nur meine Gretl!

Das eigenwillige Tier hat auch eine unglaubliche Kommunikationsfähigkeit. Esel sind ja generell wesentlich kommunikativer in ihrer Ausdrucksweise als Pferde. Gretl verfügt noch dazu über das pfiffige Wesen von Shetlandponys, blubbert und wiehert mit mir, oder stupst mich an, als wollte sie ein echtes Gespräch mit mir führen. Bei ihr habe ich manchmal wirklich das Gefühl, mich mit ihr richtig unterhalten zu können. Zudem weiß Gretl auch sehr genau, was sie will und was sie nicht will. Und was sie nicht will, findet meistens einfach nicht statt, außer es muss wirklich unbedingt sein. Ansonsten lasse ich sie gerne gewähren und hoffe, dass meine hübsche, tapfere Mulidame noch viele Jahre ihren Schabernack mit uns treibt.

Maultiere, auch Mulis genannt, entstehen bei der Paarung einer Pferde- oder Ponystute mit einem Eselhengst. Maulesel sind eine Kreuzung von Eselstute mit einem Pferdehengst. Die Trächtigkeitszeit von Eselstuten ist um vier Wochen länger als die von Pferdestuten. Maultiere und Maulesel selbst sind mit ganz seltenen Ausnahmen nicht fortpflanzungsfähig. Sie werden jedoch als Trage- und Reittiere sehr geschätzt und befinden sich bis heute bei den Gebirgsjägern der Deutschen Bundeswehr im Einsatz.

Es gibt über dreißig verschiedene Eselrassen von denen viele akut vom Aussterben bedroht sind. Der kleinste Vertreter dieser Tierart ist der Mini-Esel mit 90 Zentimeter Widerristhöhe, der größte der katalanische Riesenesel, der eine Höhe von 162 Zentimeter erreicht. Die wunderschönen französischen Poitouesel zählen ebenfalls zu den größten Eselrassen und werden 150 Zentimeter hoch.

Hufrehe ist ein sehr häufig auftretendes Leiden bei Eseln. Zumeist entsteht diese Stoffwechselerkrankung aufgrund von zu viel Futter und nährstoffreichem Gras. Esel sind sehr genügsame Tiere und kommen aus Gebieten mit kargem Futterangebot.

Durch die Entzündung der Huflederhaut müssen die Tiere große Schmerzen erdulden und daher sofort nach Auftreten der Symptome vom Tierarzt behandelt werden.

Auch Ponys haben bei zu reichlicher Fütterung eine erhöhte Neigung zur Hufrehe.

12 Vier Pfoten und ein Wuff im Herzen

Seit meiner frühesten Kindheit habe ich das Glück, stets von Hunden durchs Leben begleitet zu werden. Zwei entzückende Yorkshire-Terrier waren die treuen und immer zum Spielen aufgelegten Gefährten meiner Kindheit.

Als junge Frau bekam ich dann Daisy, mein Münsterländermädchen. Die sehr lebhafte, aber auch ungemein sanftmütige Hündin, die – wir mir vorkam – jedes Wort verstand, befand sich während meiner gesamten Jugend an meiner Seite und war später auch noch die beste Freundin meines Sohnes. Ich taufte sie damals, meinem Vater zuliebe, nach seiner heißgeliebten Foxterrier-Hündin, mit der er seine Kindheit verbringen durfte. Ich hörte oft Geschichten von der Original-Daisy, wie er mit ihr am Fahrrad gefahren war und sie ihn jeden Tag von der Schule abgeholt hatte.

Auch die Beziehung zwischen meiner Daisy und mir war unglaublich eng, und bis heute denke ich noch fast täglich an diese schöne gemeinsame Zeit zurück. Ich glaube ganz fest daran, dass mich dieser Hund mit zu der Person gemacht hat, die ich heute bin. Durch unsere innige Beziehung wurde in mir der Wunsch immer größer, mein Leben mit Tieren zu verbringen und mich ihnen mit aller Kraft zu widmen. Letztendlich habe ich mir diesen Traum auch erfüllt und schöpfe viel Kraft aus der Liebe und Zuneigung sowie dem Vertrauen, das mir meine Schützlinge entgegenbringen.

Mein Sohn war gerade elf, als unsere geliebte Daisy mit 16 Jahren an Altersschwäche verstarb und uns untröstlich zurückließ. Bis heute sprechen wir von

ihr und erfreuen uns an den schönen Erinnerungen, die uns von diesem groß-
artigen Hund geblieben sind.

Daisys hatte auch eine Gefährtin, Betty, eine entzückende französische Bas-
set-Hündin. Die beiden waren, obwohl charakterlich total verschieden, ein
Herz und eine Seele.

Betty auf Umwegen

Bettys Geschichte begann mit einer Reise. Ich befand mich in England, wo
ich auf einer Straße einen Hund erblickte, wie ich noch nie zuvor einen sah.
Es handelte sich dabei um einen französischen Petit Basset Griffon Vendéen.
Der lustige rauhaarige, mittelgroße Hund mit den Schlappohren hatte ein so
hinreißend süßes Gesicht, dass ich mich auf Anhieb in diese Rasse verliebte.
Ich dachte sofort: Genau so einen Hund möchte ich haben! Also machte ich
vor Ort einen Züchter in Dorset am Meer ausfindig und fuhr von London
aus mit dem Zug dorthin. Allerdings hatte mich niemand darauf aufmerksam
gemacht, dass diese Region zu dem Zeitpunkt unter Hochwasser stand. Ich
bemerkte es erst, als die Gleise schon leicht umspült waren und man uns darüber informierte, dass wir mit der Bahn vermutlich nicht mehr zurückkommen
würden. Doch als ich, endlich am Ziel, den Welpen in den Armen hielt, wusste
ich, dass ich noch nie ein entzückenderes Hundebaby gesehen hatte. Ich konnte nicht widerstehen und nahm die kleine Betty gleich mit. Letztendlich beruhigte sich das Wetter relativ rasch und wir kamen doch noch wohlbehalten
zurück nach London.

Meine Betty war eine entzückende, extrem lebhafte Hündin. Ich habe die spannendsten Abenteuer mit ihr erlebt, vor allem, weil sie so gerne und oft davonlief.

Mir fällt der Krampustag vor vielen Jahren ein, als ich am Hietzinger Friedhof in der Dunkelheit eine regelrechte Hetzjagd abhalten musste, während bei mir zu Hause langsam die Gäste für die geplante Krampusfeier eintrudelten. Ich hatte mich mit Daisy und Betty auf den Weg in den Park gemacht, damit sie sich noch einmal richtig auslaufen konnten, und plötzlich war Betty verschwunden! Und ich durfte mich nicht von der Stelle rühren, weil Betty nur dann immer wieder zu mir zurückfand, wenn ich dort blieb, wo sie mich zuletzt gesehen hatte. Das dauerte dann natürlich oft Stunden, und ich war ständig in großer Sorge, dass ihr womöglich etwas zustoßen könnte.

Während sich bei mir zu Hause also langsam alle Gäste versammelten, konnte ich nicht weg. Damals gab es noch keine Handys, und so kam es, dass meine Mutter nach einiger Zeit jemanden schickte, um nach mir zu suchen. Bis Mitternacht ist meine Betty damals nicht zurückgekehrt. Ich harrte über mehrere Stunden lang am selben Fleck in der Kälte aus und hörte in der Dunkelheit das freudige Kläffen meines Hundes, der durch ein winziges Loch im Zaun in den nebenan befindlichen Friedhof geschlüpft war und dort Hasen hinterherjagte, die er ohnehin nie erwischen würde. Alles Rufen und Locken nützte nichts. Schlussendlich reichte es mir, ich holte eine Zange aus meinem Auto und zwickte kurzerhand den Friedhofszaun auf. So schlich ich also zur Geisterstunde zwischen den Gräbern über den Hietzinger Friedhof und suchte nach meinem Hund. Ich gebe zu, mir war mehr als nur unheimlich zumute in der totalen Finsternis, die nur hier und da von einem gespenstisch flackernden Grablicht erhellt wurde. Zudem hoffte ich inständig, nicht in ein offenes Grab zu fallen und mir dabei den Hals zu brechen. Ich rief unablässig nach Betty, und irgendwann stand sie plötzlich neben mir, wedelte freudig mit dem Schwanz und sah mich fragend an, ganz selbstverständlich, so als wäre sie ohnehin die ganze Zeit da gewesen. Die Hündin spielte mir im Lauf der Jahre noch so manchen Streich, und ihr unbändiger Freiheitsdrang blieb bis ins hohe Alter ungebrochen.

Im Alter von 16 begann meine Betty plötzlich abzumagern und hatte eine viel zu hohe Herzfrequenz. Sie wurde immer schwächer, und ich ließ sie natürlich sofort untersuchen. Doch niemand wusste anfangs, was ihr fehlte, alle Befunde waren negativ. Erst bei einer Ultraschalluntersuchung fand man heraus, dass sie einen Nebennierentumor hatte, einen äußerst seltenen, den selbst die Tierärzte der Universitätstierklinik nur aus der Literatur kannten und sich an keinen derartigen Patienten erinnern konnten. Das bösartige Gewächs produzierte Adrenalin, was wiederum ihren erhöhten Herzschlag erklärte. Zu meinem großen Leidwesen galt der Tumor als inoperabel, weil er bei seiner Entfernung so viel Adrenalin ausgestoßen hätte, dass der Hund sofort tot gewesen wäre. Der damalige Chef der Chirurgie, ein alter honoriger Professor, stellte meine letzte Hoffnung dar, und ich flehte ihn an, sich eine Lösung für meine Betty einfallen zu lassen. Die Hündin war immer noch verspielt und voller Tatendrang. Ich wollte mich daher keinesfalls damit abfinden, sie einzuschläfern, konnte sie doch vielleicht noch ein zwei schöne Jahre mit uns verbringen. Letztendlich meinte der Professor, es wäre für die alte Betty wohl egal, ob man sie einschläferte, oder ihr vor der Operation eine Narkose verabreichte, aus der sie womöglich nicht mehr erwachte. Er wollte es also versuchen, nicht zuletzt deshalb, weil solch ein Fall auch für seine Studenten von großem Interesse war. Ich stimmte zu, stellte aber gleichzeitig zwei Bedingungen: Erstens verlangte ich, dass Betty in meinem Auto in meinen Armen narkotisiert wurde, um ihr unnötige Aufregung durch die Spitalsatmosphäre zu ersparen. Und zweitens wollte ich unbedingt bei der Operation dabei sein, um etwaige Entscheidungen, die während des Eingriffs getroffen werden mussten, mittragen zu können. Der Professor erklärte mir, dass sich in seinem Operationssaal noch nie ein Patientenbesitzer aufgehalten hatte und war daher nicht einfach zu überzeugen. Ich bestand jedoch fest auf meinem Wunsch, und so reichte man mir schließlich resignierend Mantel, Haube und Operationsmaske.

Ich bin bis heute immer bei allen Eingriffen, die an meinen Tieren vorgenommen werden, anwesend. Es ist mir einfach wichtig, denn sollte plötzlich etwas zu entscheiden sein, will ich mitbestimmen können. Außerdem stelle ich mir das Warten vor der Tür grauenhaft vor. Mittlerweile haben sich alle meine Tierärzte längst an diese Macke gewöhnt.

Als ich damals den Operationssaal betrat, sah ich, wie die Studenten in einer Traube hinter den Glasscheiben hingen und gebannt in den Raum vor sich blickten. Dort stand das Ärzte-Team um einen Tisch, auf dem meine kleine Betty lag. Vier Anästhesisten, viele Monitore und ein Haufen Technik nebst fünf Assistenten warteten auf ihren Einsatz. Als der Professor Bettys Nebenniere freigelegt hatte, sah er ruhig in die Runde und nickte nur. Der große Moment war gekommen, der über das Leben meines Hundes entscheiden würde. Er nahm einen kleinen scharfen Löffel und entfernte den Tumor mit einer flinken Drehung des Handgelenks. Im selben Moment schlugen alle Geräte um uns herum an. Überall blinkte und piepste es – ich fühlte mich wie einer der Darsteller in einem Horrorfilm und hielt die Luft an. Durch den Anschluss an eine Herz-Lungen-Maschine und unverzügliche Notmaßnahmen, für die man vorher schon alles vorbereitet hatte, schafften es die Ärzte mit vereinten Kräften, Betty zu stabilisieren. Und so ist diese fast unmögliche Operation doch noch gut ausgegangen.

Meine süße Basset-Griffon-Hündin lebte noch zweieinhalb wunderschöne Jahre ohne gesundheitliche Einschränkungen und ist schließlich mit über 18 an Altersschwäche verstorben.

Pro Hund und gegen Rassendiskriminierung

Durch mein leidenschaftliches Engagement gegen rassenspezifische Hundegesetze, die einige Vierbeiner völlig unsinnigerweise aufgrund ihrer Rassezugehörigkeit verurteilen und pauschal als böse und gefährlich abstempeln, lernte ich Rottweiler als fantastische Hunde kennen. Ich arbeitete damals auch im Österreichischen Rottweiler-Klub mit und machte schließlich eine Ausbildung zum Zuchtrichter für die betroffenen Hunderassen der Mollosser, Staffordshire-Terrier, Rhodesian Ridgeback und Rottweiler, um mir das nötige Fachwissen über diese Hunderassen anzueignen. Diese Richtertätigkeit sollte mich in den folgenden Jahren noch in verschiedene Länder führen, wo ich viele großartige Tierfreunde in Afrika, Asien, Amerika und Europa kennen lernen durfte. Zahlreiche Auftritte im Fernsehen und Radio zu diesem Thema im Namen des Österreichischen Kynologenverbandes mündeten schließlich in eine große Medienkampagne, zusammen mit der Kronen Zeitung. Mit der Aktion „Pro Hund", an der sich damals Politiker aller Parteien und etliche Prominente beteiligten, gelang es uns, viele Vorurteile auszuräumen. Nicht zuletzt mittels eines Autoaufklebers, der bald überall auf den Straßen zu sehen war.

Oskar, der Tiersitter

Ich nahm damals meinen ersten Rottweiler, Oskar, zu mir
und kann mir seither ein Leben
ohne Rottweiler an meiner Seite nicht mehr vorstellen.
Oskar war als überaus gutmütiges Tier der beste Botschafter
seiner Rasse, begleitete mich
überall hin und nahm allen
Leuten, die mit ihm Kontakt
hatten, die Angst vor großen
Hunden.
Der wunderschöne imposante
Rüde mit seinem durch und
durch sanften Gemüt wurde
für meinen Sohn und dessen
Freunde ein unermüdlicher
und geduldiger Spielgefährte.
Er behandelte die Kinder immer sehr lieb und vorsichtig,
sodass ich diese ohne Bedenken mit ihm spielen lassen konnte. Oskar und
mich verband eine gemeinsame Leidenschaft: die Tierliebe. Schon nach kurzer Zeit in meiner Gesellschaft hatte er für sich befunden, dass jedes Lebewesen einen tierischen Gefährten an der Seite haben sollte. Auch er. Ob man es
glaubt oder nicht, aber mein Oskar hielt sich tatsächlich seine eigenen Haustiere! Sämtliche Jungtiere, die ich nach Hause brachte, übernahm er sofort und
zog sie behutsam und liebevoll zwischen seinen Pfoten groß. Egal ob Hund,
Katze, Igel, Vogel oder Schwein, alles wuchs unter seinen wachsamen Augen
auf.
Im Winter brachte ich einmal ein junges Kaninchen mit nach Hause. Es hatte
einen so fürchterlichen Schnupfen, dass ich es zu mir in die Wärme nahm,
um es besser behandeln zu können. Ich wollte ihm Antibiotika verabreichen
und regelmäßig Augen und Näschen eintropfen – und das konnte ich daheim
leichter, als im Kaninchenstall.
Mein Oskar saß dann einen Tag lang vor dem Käfig und betete das kranke Tier
an. Er schien untröstlich zu sein, dass dieses rote Langhaarzwergkaninchen

alleine in dem Käfig saß und er alleine davor, obwohl er so gerne mit seinem neuen Freund kuscheln wollte. Ich fasste mir also ein Herz und sagte mir, dass sich ein Rottweiler wohl nicht an einem Kaninchenschnupfen anstecken würde und man meinem Oskar bedingungslos vertrauen konnte. Ich holte das Tier aus dem Käfig und entließ es vorsichtig in die Obhut meines Hundes. Der hat das Kaninchen vom ersten Moment an adoptiert. Sein Fell war immer etwas feucht, weil Oskar es regelmäßig ableckte und das Tier in seinem Maul durch die Gegend trug. Vermutlich hätte dieses geschwächte Kaninchen normalerweise aus Angst und Panik vor dem riesigen Hund mit seinem Leben abgeschlossen, aber erstaunlicherweise schien es zu spüren, dass mein Oskar es nur gut meinte. Das kleine Häschen hat sich binnen zwei Tagen so eng mit meinem Rottweiler angefreundet, dass es gar nicht mehr vorhatte, zu fliehen, sondern sich die ganze Zeit über vertrauensvoll an seinen großen Beschützer schmiegte. Da es Winter war, durfte das kranke Tier natürlich nicht nach draußen und hoppelte munter durch das ganze Haus. Wann immer also mein Oskar sein Kaninchen vermisste, suchte er es in allen Räumen, um es dann wie eine Hündin ihre Welpen in seinem Maul bis auf die Couch zu tragen. Dort nahm das Tier sofort seinen Platz zwischen Oskars Pfoten ein, den Kopf an seinen Körper gelegt, und so schliefen die beiden, friedlich aneinander gekuschelt. Man hat Oskar immer richtig angesehen, dass er mehrmals am Tag sein Kaninchen vermisste. Dann suchte er es und holte es wieder an seine Seite.

Als das Frühjahr kam und alle Terrassen- und Wintergartentüren offen standen, ist natürlich auch das Kaninchen in meinen ummauerten Garten hinausgehoppelt. Oskar heftete sich stets an die Fersen seines Freundes, und so haben die beiden dann auch friedlich die Gartenzeit zusammen auf der grünen Wiese genossen. Mein Rottweiler hatte in der warmen Jahreszeit somit noch mehr Arbeit, musste er doch sein Haustier nun im ganzen Garten und hinter jedem Busch suchen. Sobald Oskar das Kaninchen gefunden hatte, legte er sich an seine Seite und brachte es abends wieder ins Haus. So haben die beiden viele Jahre lang miteinander gelebt, bis das kleine Häschen eines natürlichen Todes starb.

Sophie und Julia ... und immer wieder Oskar

Wenig später übernahm ich meine bei-den französischen Bulldoggen-Hündin-nen Sophie und Julia, die man aus einer Zuchtfabrik gerettet hatte. Als man sie aus Ungarn zu mir brachte, erfuhr ich, dass sie mindestens acht Wochen alt wa-ren. Bei Julia konnte das unmöglich stim-men, sie musste jünger sein, fraß noch keine feste Nahrung und hatte noch den Saugreflex. Es war spät in der Nacht, als man sie mir übergab, und ich setzte das arme kleine Ding sofort zwischen Oskars Pfoten. Julia wuchs unter seiner Obhut

auf und ist bis heute fest davon überzeugt, eigentlich ein Rottweiler zu sein. Sie hatte immer eine weit überschätzte Selbstwahrnehmung und scheute keine Konfrontation mit anderen Hunden, weil sie sich vermutlich dachte: „Der gro-ße Bruder wird es schon richten." Als Julia dann erwachsen war, hat sich das auch nicht geändert. Als verwöhnte kleine Dame richtete sie meinen Oskar au-ßerdem so gut ab, dass von nun an er ihr folgen musste. Wenn mein Rottweiler einmal seinen eigenen Kopf durchsetzen wollte, bekam sie einen Wutanfall und kreischte so hysterisch, wie ich es noch bei keinem Hund gesehen habe.
Als mein Oskar acht Jahre alt war, erkrankte er an Diabetes und brauchte viel medizinische Betreuung. Dies bedingte auch eine zusehends stärker werdende Linsentrübung seiner Augen.
Eines Nachts – ich habe furchtbar schlecht geschlafen, weil ich spürte, dass ir-gendetwas nicht stimmte – fiel mein Oskar plötzlich vom Bett, rannte panisch durch das Haus und lief überall dagegen. Mein Hund war von einer Minute auf die andere erblindet.

Um acht Uhr früh wartete ich bereits mit ihm in der Universitätsaugenklinik, wo mir die behandelnde Ärztin erklärte, dass seine Linsen geplatzt waren, es eine Einblutung gab und Oskars Augen sofort operiert werden müssten. Ich sollte mich aufgrund der schlechten Ausgangssituation allerdings darauf gefasst machen, dass Oskar auch bei erfolgreicher Operation nur noch etwa drei Monate lang würde sehen können. Da ein derartiger Eingriff sehr kostenintensiv ist, riet man mir davon ab, es überhaupt zu versuchen, da mein Hund ohnehin erblinden würde. Oskar tat mir unendlich leid – er sah zwar vorher auch schon nicht mehr besonders gut, aber die Verschlechterung war zuvor zumindest so langsam vorangeschritten, sodass er die Möglichkeit gehabt hatte, sich an die neuen Umstände zu gewöhnen. Also beschloss ich, es zu wagen, damit er drei Monate länger lernen konnte, ohne Augenlicht zu leben. Die Operation wurde durchgeführt und mir eine äußerst schlechte Prognose mit auf den Weg gegeben.

Ein Augenspezialist in meiner Nähe übernahm dann die weitere Behandlung und leistete wirklich ganze Arbeit. Er ist zwei bis drei Mal die Woche zu uns gekommen, hat jedes Mal sein umfangreiches Equipment in meinem Wohnzimmer aufgebaut, Oskar gründlich untersucht und sogar Videos vom Augenhintergrund und den Gefäßen gedreht. Viele Medikamente konnten wir Oskar aufgrund seiner Diabeteserkrankung nicht verabreichen. Doch mit Homöopathie und verschiedenen Salben haben wir es schließlich geschafft, dass mein Hund noch viereinhalb Jahre bis zu seinem Lebensende sehen konnte. Oskar ist mit seiner Erkrankung ganz locker umgegangen, spielte nach wie vor begeistert mit seinen zahlreichen Bällen und kümmerte sich den ganzen lieben langen Tag um unsere gemeinsamen Tiere.

Als Oskar schon über zehn Jahre alt war, stellte er mich und Wolfgang, meinen Tierarzt, vor die größte Herausforderung. Von einem Tag auf den anderen trat bei meinem Hund plötzlich eine komplette Lähmung ein. Mein starker, stolzer Rottweiler lag am Boden und konnte sich überhaupt nicht mehr bewegen! Der Veterinär vermutete verschiedene Dinge wie unter anderem Schlaganfall oder Hirntumor, aber nichts davon schien bei Oskar zuzutreffen. Ich weiß noch genau, wie ich mit dem Tierarzt in meinem Wintergarten stand und wir verzweifelt auf den bewegungsunfähigen Hund schauten. Während mir die Tränen über die Wangen liefen, bereitete mich Wolfgang seelisch darauf vor, dass wir Oskar aufgrund seines fortgeschrittenen Alters wohl nicht mehr würden retten können. Als wir so dastanden und uns beratschlagten, habe ich gedankenverloren mit der Fußspitze einen Ball vor Oskars Schnauze gerollt. Mein Rottweiler war ganz verrückt auf Ballspielen, deshalb lagen auch immer diverse Exemplare im Haus herum. So auch im Wintergarten. Was dann geschah, war

unglaublich! Mit letzter Kraftanstrengung hob mein Oskar seine Nase, schaute mich an und stupste mit der Schnauze den Ball zu mir zurück. Da stand mein Entschluss fest.

„Nein!", sagte ich fest. „Ein Hund der mit mir noch Ball spielen will – nein, also den schläfere ich nicht ein!"

Ich habe es, glaube ich, bis jetzt immer gemerkt, wenn ein Tier mental so weit war, zu gehen. Wenn man eine enge Bindung zu einem Tier hat und hin und her überlegt, ob man es einschläfern lassen soll oder nicht, dann hofft man immer, dass man nicht zu lange wartet, aber auch nicht zu früh handelt. Das sind schreckliche Entscheidungen! Wie kann man über das Leben eines Wegbegleiters bestimmen? Aber wenn es sein muss, so ist meine Erfahrung, zeigt einem das Tier deutlich, dass es nicht mehr will. Und dieser Moment war bei Oskar noch nicht gekommen! Auch Wolfgang ruderte sofort zurück, als er sah, dass mein Hund noch mit mir spielen wollte. Wir haben dann noch ein paar Mal versucht, ihn zu bewegen, aber mehr als die Nase konnte Oskar nicht rühren. Mein Tierarzt versprach mir, sich die ganze Nacht zu überlegen, welches Leiden meinen Hund plagen könnte.

Am darauffolgenden Morgen rief er mich an und meinte: „Was ist, wenn dein Oskar eine Myasthenia Gravis hat?"

„Das weiß ich nicht, denn davon habe ich noch nie gehört!", meinte ich freudlos am Telefon. Als ich mich erkundigte, worum es sich dabei handelte und wie oft diese Erkrankung in Erscheinung trat, meinte Wolfgang nur: „Das kommt nie vor. Ich selbst habe sie noch nie erlebt, und auch die Kollegen, mit denen ich gestern noch sprach, haben nie einen derartigen Fall gehabt. Man weiß, dass die Krankheit existiert, aber eben irrsinnig selten auftaucht."

Auf meine Frage, was wir tun sollten, erklärte mir mein Tierarzt, dass es nur ein Speziallabor in Amerika gab, das diese Myasthenia Gravis nachweisen konnte. So lange durften wir aber nicht warten. Wenn Oskars Blut erst um die halbe Welt fliegen musste, konnte es längst zu spät sein. Bei dieser seltenen Erkrankung werden die Botenstoffe zwischen Nerven und Muskelzelle vom Körper so schnell abgebaut, dass die Muskeln aufgrund des Mangels kein Impuls mehr erreicht. Diesen Botenstoff musste man Oskar verabreichen. Es war allerdings mit einigen Anstrengungen verbunden, dieses Präparat zu erhalten, aber Wolfgang schaffte es.

Ich sehe ihn noch vor mir, wie er die Spritze aufzieht und sagt: „Und wenn es das jetzt nicht ist, dann bin ich mit meiner Weisheit am Ende!" Als er Oskar das Mittel verabreichte, trauten wir uns kaum zu atmen.

„Und wie lange dauert das jetzt?", fragte ich ihn vorsichtig, während wir wie gebannt auf den Hund starrten.

„Ich habe keine Ahnung!" Der Tierarzt zuckte mit den Schultern. „Einen Referenzfall kenne ich nicht, und da es sich um ein Humanpräparat handelt, kann ich die Wirkung bei einem Tier nicht so recht einschätzen. Es kann eine halbe Stunde dauern, zwei Stunden oder länger … "

Während wir dastanden und Oskar mit unseren Blicken fixierten, passierte das Unglaubliche. Es war, als würde mein stolzer Rüde wieder zum Leben erwachen. Zuerst hob er vorsichtig den Kopf, man sah ihm richtig an, dass er sich zu spüren begann und seine Muskeln nach und nach wieder reagierten. Vorsichtig setzte er sich zurecht. Als er aufstehen wollte, sackte er plötzlich neuerlich in sich zusammen. Im ganzen Raum herrschte so eine Spannung, dass man eine Stecknadel hätte fallen hören. Als ich meinem Oskar ein Leckerli vor die Nase hielt, setzte er sich ein weiteres Mal auf und fraß es. Mir fiel ein riesiger Stein vom Herzen.

Der Gesamtzustand von meinem Oskar normalisierte sich dann relativ rasch. Er konnte wieder laufen, spielen und nach Herzenslust Bällen nachjagen, so viel er wollte. Ich werde diese großartige Leistung meines Tierarztes nie vergessen!

Im Alter von zwölfeinhalb Jahren ist Oskar eines Tages ganz friedlich neben mir entschlafen. Was für ein schmerzlicher Verlust! Ich war unendlich traurig und vermisse meinen starken, treuen Gefährten sehr! Alle Hunde, die mich im Lauf meines Lebens begleiteten, sind mir, je älter sie wurden, umso mehr ans Herz gewachsen. Junge Hunde sind natürlich entzückend, süß und verspielt. Doch das stille Einvernehmen und das wortlose gegenseitige Verstehen zwischen meinen alten Hunden und mir habe ich immer als etwas einzigartig Schönes empfunden.

Auch für meine Bulldogge Julia war der Tod unseres Oskars natürlich sehr schlimm. Sie wäre mir damals fast ebenfalls gestorben – weil sie ihren Beschützer so schrecklich vermisste, wollte sie nicht mehr fressen. Aber mit der Zeit hat sie sich, wie es eben jeder von uns tun muss, mit dem Schicksal abgefunden.

Mein treuer Begleiter Paulus

Nach einem Jahr war ich dann schließlich soweit und Oskars Nachfolger, mein jetziger Rottweiler Paulus, auch Pauli genannt, kam zu uns. Julia nahm anfangs nicht viel Notiz von ihm, aber als er ungefähr acht Monate alt war, beschloss sie, dass er – weil er ja so aussah wie Oskar - wohl ein akzeptabler Ersatz sein könnte.

Zu Günther, dem besten Freund meines Sohnes, baute Paulus im Lauf der Jahre eine ganz besondere Beziehung auf. Die beiden verbindet eine innige Zuneigung, und so vermisst mein Pauli mich auch nicht, wenn ich zwischendurch einmal verreise und sein geliebter „Onkel Günther" bei uns zu Hause auf ihn aufpasst.

Mein Paulus ist ein begeisterter Schwimmer, eine echte Wasserratte. Schon als kleiner Welpe sprang er freudig zu mir in den Pool und schwamm furchtlos neben mir her. Er verbringt praktisch den ganzen Sommer im Wasser, zu Hause in unserem Swimmingpool im Garten oder in den beiden Teichen beim Stall. Selbstverständlich besitzt mein vierbeiniger »Seehund« auch eine stattliche Sammlung von allen möglichen Wasserspielzeugen.

Gemeinsam mit Shmowly, der entzückenden und sehr pfiffigen Dackelhündin meines inzwischen leider verstorbenen Vaters, bilden meine vier Hunde ein

unzertrennliches Rudel. Der Name des Dackels stammt übrigens aus Schottland und bedeutet so viel wie „pfiffiger Lebenskünstler“. Alle Hunde meines
Vaters haben so geheißen.

Mein treuer Begleiter Paulus ist jetzt sechs Jahre alt und genauso lieb und gutmütig, wie es mein Oskar war. Er ist besonders verschmust, sodass ich manchmal
glaube, er hält sich trotz seiner stattlichen Erscheinung für einen Schoßhund.

Weltweit existieren über 400 Hunderassen, die vor allem aufgrund ihrer Eignung für die verschiedensten Einsatzgebiete gezüchtet wurden. Hunde haben 200 Millionen mehr Riechzellen als Menschen und sind uns auch beim Hören weit überlegen. Sie sehen weniger scharf als Menschen und erkennen Farben schlechter. Die Vierbeiner verfügen dafür über ein wesentlich weiteres Gesichtsfeld, können besonders gut Bewegungen erkennen und auch bei Dunkelheit besser sehen.

Hunde haben ein sehr stark ausgeprägtes Sozialverhalten und betrachten auch ihre menschliche Familie als Rudelmitglieder. Die Rangordnung spielt eine wichtige Rolle, der Hund muss wissen, wo sein Platz innerhalb der Familie ist. Liebevolle aber konsequente Erziehung und die sorgfältige Wahl der geeigneten Rasse machen den Hund zum besten Freund des Menschen. Besonders Kinder profitieren von Vierbeinern als geduldige Spielkameraden und treue Gefährten.

Augen auf beim Hundekauf! Wer sich nach reiflicher Überlegung einen eigenen Hund anschaffen möchte, sollte sich zuerst in Tierheimen nach einem geeigneten Partner auf vier Pfoten umsehen und sich dort ausführlich beraten lassen. In gut geführten Einrichtungen kann man die Hunde eine Weile in Ruhe kennenlernen, bevor man sich entscheidet. Soll es ein Rassehund sein, bitte keinesfalls einen Hund aus dem Zoogeschäft kaufen – oder gar von dubiosen Anbietern aus dem Internet, wo der illegale Handel blüht und Hunde aus grauenhaften Zuchtfabriken angeboten werden. Wichtig ist die Wahl eines seriösen Züchters, bei dem man sich die Elterntiere und das Umfeld genau ansehen kann. Man erspart damit sich selbst und den Hunden großes Leid.

13 Das Glück dieser Erde ...

Mein Traumpferd Mirabell

Vor 29 Jahren, exakt ein Jahr nach der Geburt meines Sohnes, bekam ich Lust
darauf, wieder in den Sattel zu steigen und mit dem Reiten zu beginnen. Zu
sehr vermisste ich damals das Zusammensein mit Pferden, denen schon immer meine Leidenschaft galt. Ich nahm also Auffrischungsstunden in einer
Reitschule und merkte bald, dass ich aus der Übung war. Bald kam es, wie es
kommen musste, und der Wunsch nach einem eigenen Pferd wurde in mir
wach. So begab ich mich schließlich auf die Suche nach einem passenden
Tier – und das sollte sich als recht schwieriges Unterfangen herausstellen. Ich
wünschte mir nämlich ein gutes Geländepferd, das auch ein bisschen Dressur
beherrschte und sich später noch als Gefährte und braves Schulpferd für meinen kleinen Sohn Clemens eignete.

„Was Sie da suchen ist ein Spitzenpferd, und die sind selten", meinte so manch
erfahrener Reiter und lag damit natürlich vollkommen richtig.

Kurz vor Weihnachten wurde mir dann von Freunden eine zehnjährige Fjordstute gezeigt – und es war Liebe auf den ersten Blick. Ihr goldenes Fell, die kecke schwarz-weiße Mähne und die samtigen weißen Nüstern hatten es mir an-
getan, und ihre großen, sanften, dunklen Augen trafen mich mitten ins Herz.

Ich wusste noch nichts über Ausbildungsstand, Herkunft und Kaufpreis der schönen Stute, geschweige denn hatte ich sie probegeritten. Doch instinktiv war mir klar: Das ist mein Pferd. Ich taufte meine neue Liebe Mirabell, weil das „der schöne Blick" bedeutet.

Als ich das erste Mal auf ihr saß, merkte ich, dass sie zwar Temperament und durchaus einen eigenen Kopf besaß, aber immer gutmütig blieb und ihre Ohren auch bei kleineren Auseinandersetzungen vorne behielt und niemals zurücklegte. Das zeigte mir, dass sie ruhig und ausgeglichen war und niemals auch nur die kleinste Bösartigkeit von ihr ausging.

Die entzückende Stute übertraf alle meine Erwartungen und wurde ein echtes Familienmitglied. Auf herrlichen Geländeritten ging Mirabell für mich durch dick und dünn, nur ganz selten musste ich ihr eine Hilfe mit dem Zügel oder Schenkel geben, sie hörte hauptsächlich auf meine Stimme. Bald waren wir so ein eingespieltes Team, dass mein kluges Pferd sogar stehen blieb, sobald mein Handy läutete, und automatisch wieder lostrabte, sobald ich aufgelegt hatte. Da ich jede freie Minute neben Job und Kind mit meiner Stute verbringen wollte, war dies sehr wichtig für mich, denn die meisten Anrufer glaubten damals, ich würde im Büro sitzen, anstatt im Wald auf dem Rücken meines Pferdes.

Für meinen Sohn war Mirabell die ideale Gefährtin seiner Kindheit. Zusammen mit seinen kleinen Freunden spielte er oft stundenlang mit der geduldigen Stute, schon lange bevor er seine erste Reitstunde auf ihr nahm. Die Kinder kletterten auf Mirabells Rücken, krabbelten unter ihren Beinen durch, bürsteten sie stundenlang und schmückten das geduldige Tier mit allen erdenklichen Materialien.

Mirabell ließ sich von meinem zweijährigen Sohn brav und folgsam herumführen und achtete dabei immer auf das kleine Kind.

Sogar meine geliebte Großmutter hatte so viel Vertrauen zu unserer Mirabell, dass sie sich auf Wunsch meines Sohnes mit 86 Jahren zum ersten Mal in ihrem Leben auf ein Pferd setzte und von Clemens stolz im Kreis führen ließ.

Diese einmalige Stute führte eine Wende in meinem Leben herbei und brachte mich dazu, meinen Lebensentwurf zu ändern, aufs Land zu ziehen und Tiere zu meiner Lebensaufgabe zu machen. Niemals habe ich diese Entscheidung bereut. Meine treue Gefährtin hatte ein langes schönes Leben und wurde 38 Jahre alt. Noch heute vermisse ich sie schmerzlich, und ihr Andenken hat für immer einen festen Platz in unserer Familie.

Rettung in letzter Sekunde

Von Justy erfuhr ich an einem Weihnachtsfeiertag vor 16 Jahren. Damals riefen zwei Mädchen bei mir an, die mich vom Hörensagen kannten. Sie erzählten mir, dass unten in unserem Dorf ein schwer verletztes Pferd stehen würde, um das sich niemand kümmerte. Verzweifelt baten sie mich, mir die Sache anzusehen. Natürlich fuhr ich sofort los und fand einen fürchterlich verwahrlosten Stall vor, in dem die Pferde elend vor sich hin vegetierten. Unter ihnen befand sich eine Traberstute, die vollkommen schief und verrenkt vor mir stand. Zudem konnte man nur sehr schlecht sehen, da es in der Tierbehausung keinen Strom gab. Vermutlich hatte der Besitzer die Rechnung nicht bezahlt, und so war es stockdunkel und eisig kalt in dem Stall, das Wasser in den Kübeln gefroren. Mit einer Taschenlampe, die ich immer mit mir trage, konnte ich mir die Stute ein wenig ansehen. Aufgrund ihrer extrem auffälligen Fehlhaltung, dachte ich sofort an einen Beckenbruch, zudem entdeckte ich eine große, klaffende Wunde auf der Hinterhand, die stark verunreinigt war. Ein Blick in die schmerzverzerrten Augen des Tiers schien meinen Verdacht zu bestätigen.

Also fuhr ich schnurstracks in die Pferdeklinik und holte einen Tierarzt zu Hilfe. Verständlicherweise konnte er die Stute in dem schlechten Licht der Taschenlampe kaum untersuchen, und da sie sich keinen Millimeter bewegen konnte und es außerdem schon sehr spät war, einigten wir uns darauf, ihr erst einmal ein starkes Schmerzmittel und ein Antibiotikum zu verabreichen. Ich brachte frisches Wasser und Futter, stellte damit zumindest die Erstversorgung sicher.

Am nächsten Morgen wartete ich auf den Besitzer. Ich brachte in Erfahrung, dass ihn keiner in den letzten Tagen gesehen hatte, es fehlte offensichtlich jede Spur von ihm. Auch in der Nachbarschaft wusste niemand, wie man ihn erreichen konnte. Später erfuhr ich, dass er zu dem Zeitpunkt in Norwegen auf Urlaub gewesen war und seine Tiere einfach unversorgt zurückgelassen hatte. Einen Tag später gelang es uns, die Stute unter der Wirkung einer weiteren Schmerzspritze aus dem Stall und zu Fuß in die nahegelegene Klinik zu führen. Dort wurde die großflächige Wunde an der Hüfte genauer untersucht. Es schien fast so, als wäre jemand mit einem großen Gefährt, einem Traktor oder etwas Ähnlichem, in sie hineingefahren. Zu allem Überfluss hatte sie sich einen über zwanzig Zentimeter langen rostigen Nagel am Hinterhuf eingetreten und damit das Hufgelenk durchstoßen. Laut Aussage des Tierarztes musste der Metallstift schon monatelang in ihrem Bein stecken, was natürlich auch die starke Blutvergiftung und den schlechten Allgemeinzustand des Pferdes erklärte. Der Tierarzt erklärte mir schließlich, dass die Wunde wieder heilen würde, der rostige Nagel aber unbedingt operativ entfernt und das infizierte Gelenk behandelt werden müsste. Er warnte mich davor, dass eine langwierige und sehr kostenintensive Nachbehandlung nötig wäre. Da es zu diesem

Zeitpunkt immer noch keinen Besitzer zu dem Pferd gab, unterschrieb ich an seiner Stelle und ermöglichte Justy damit die notwendigen Behandlungen.

Es verlief alles zur vollsten Zufriedenheit der Veterinäre, nach vierzehn Tagen war die Stute bereits auf dem Weg der Besserung. Zeitgleich tauchte der Besitzer auf, der bereits über meinen Einsatz in seinem Stall informiert worden war. Er regte sich fürchterlich darüber auf, dass wir das Pferd ohne seine Erlaubnis aus dem Stall entfernt hatten. Für die Behandlung zahlen wollte er schon gar nicht, verlangte aber auf der Stelle seine Stute zurück.

Schlussendlich habe ich ihm angeboten, Justy zu kaufen und die Behandlungskosten zu übernehmen. Nie hätte ich sie in ihrem angeschlagenen Zustand wieder in diesen verwahrlosten Stall zurückgeben können.

Ich pflegte die Stute dann bei mir gesund, und sie erholte sich so gut, dass sie sogar wieder geritten werden konnte. Heute ist sie zweiunddreißig Jahre alt und lebt immer noch bei mir auf dem Hof.

Justy ist eine unglaublich raffinierte alte Dame geworden. Wenn irgendwo Futter für ein anderes Pferd herumsteht, stiehlt sie es sofort. Sie lebt tagsüber frei auf meinem Gelände, kennt sich überall ganz genau aus und folgt einem streng geregelten Tagesablauf. Justy scheint eine Uhr eingebaut zu haben, denn wenn sie etwas auch nur ein paar Minuten später als üblicherweise bekommt, dann wiehert sie laut und klopft ungeduldig mit dem Fuß auf den Boden. Erhält sie einmal keine Äpfel oder Bananen, ist sie richtig empört und macht deutlich, dass sie solch ein Verhalten nicht tolerieren kann. Auch wenn ihr Maisring, den sie immer als Betthupferl erhält, fehlt, zeigt sie mir, dass das so nicht geht.

Sie ist meine verwöhnte alte Madame, die in einem luxuriösen Altersheim zu leben glaubt, und ich hoffe sehr, dass es noch recht lange so bleibt.

Zwei alte Damen

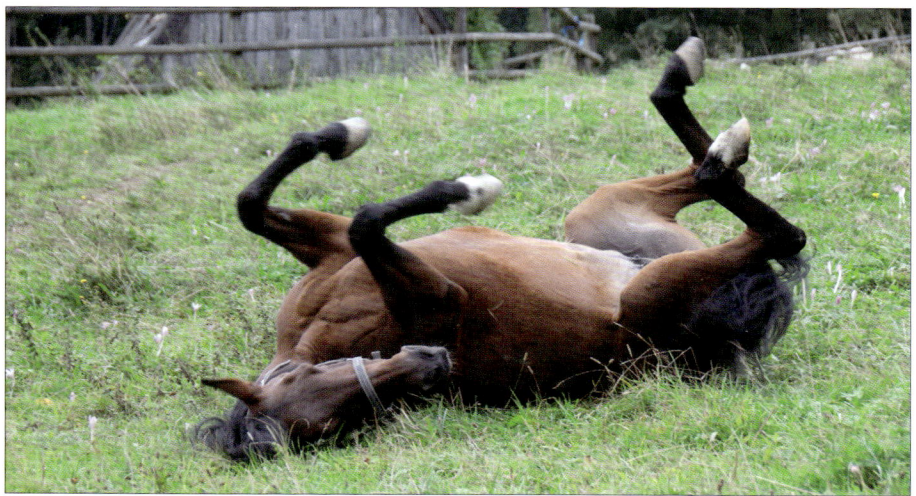

Dustys Geschichte beginnt mit einer ganz besonderen Freundschaft.

Vor vielen Jahren stellte ich meine Norwegerstute Mirabell in einem Reitstall ein, in dem auch eine ältere Dame ihr Pferd hielt: Dusty, eine wunderschöne Lipizzanerstute. Der Name des Tieres sollte – weil ihr Fell, anders als bei den meisten ihrer Artgenossen, nicht rein weiß war, sondern einen leichten Grauschleier aufwies – an eine Nebelschwade erinnern. Die Besitzerin des bestens ausgebildeten temperamentvollen Grand-Prix-Pferdes war bereits über 90 Jahre alt, hielt sich aber immer noch hervorragend im Sattel. Sie hatte früher einmal an einer Olympiade im Reiten teilgenommen, und auch im hohen Alter glänzte sie noch mit ihrer Reitleistung. Ich habe meine betagte Freundin für ihren Mut und ihr Können sehr bewundert und kann mich noch genau an ihre Ausritte erinnern.

Ich hatte damals in diesem Stall einen eigenen Trakt gemietet, mit einer großen Weide für meine Tiere. Wenn ich dort stand, sah ich der alten Dame oft zu, wenn sie die Wiese entlang und den Reitweg hinunter kam. Aufgrund von Dustys ausgeprägtem Stalltrieb, ging sie auf den letzten Metern oft durch. Nicht nur einmal lief sie dann im langgestreckten Galopp bergab und an mir vorbei – ich habe jedes Mal den Atem angehalten und gebetet, dass nichts passiert. Die betagte Reiterin jedoch kam auf ihrem temperamentvollen Pferd in den Hof gesprengt und saß lachend und guter Dinge hoch oben auf ihrer Dusty. Sie fand die Situation, im Gegensatz zu mir und allen anderen Leuten, die ihr häufig zusahen, in keiner Weise bedrohlich oder erschreckend, saß mit über 90 Jahren besser im Sattel, als so mancher Jungspund.

Ich habe meine Freundin wirklich sehr gemocht und ihre Klugheit geschätzt. Wir sind oft zusammen gesessen, und sie hat mir in endlosen Gesprächen sehr viel über Pferde und die Beziehung von Pferden zu Menschen beigebracht. Schließlich nahm sie mir eines Tages das Versprechen ab, dass ich Dusty zu mir nehmen sollte, wenn ihr etwas passierte oder sie vor ihrer ebenfalls bereits recht betagten Stute starb. Sie wusste, dass ihr geliebtes Pferd bei mir in guten Händen sein würde – denn genauso, wie ich ihre Besitzerin bewunderte, übte auch Dusty eine große Faszination auf mich aus. Diese Stute war, genauso wie ihre Reiterin, eine echte Dame vom alten Schlag.

Es kam dann wie es kommen musste: Meine Freundin verschied mit 94 und Dusty kam im Alter von 29 Jahren zu mir. Ich konnte sie jedoch nicht mehr reiten, nicht zuletzt deshalb, weil sie bereits unter starken Lungenproblemen litt und häufig hustete. Im Sommer bekam sie bei großer Hitze sehr schwer Luft, im Winter hingegen war sie stark verschleimt und musste demnach sehr intensiv behandelt werden.

Ansonsten hat sich die Stute schnell an meine Herde angepasst und an unseren Tagesablauf gewöhnt. Sie wurde von meinen Pferden nicht nur akzeptiert, sondern total integriert und durfte sogar das kleine Norikerfohlen Lorenz miterziehen. Morgens wurde sie vom Stallburschen auf die Weide geführt, dort verbrachte sie den Tag mit meinen Pferden, und abends brachte ich sie wieder in den Stall zurück. Sie war bei meinem Helfer aber oft so temperamentvoll, dass er es bald nicht mehr wagte, sie mitzunehmen. Also fuhr ich jeden Tag in der Früh zu ihr in den Stall und brachte sie persönlich auf die Weide.

Trotz ihres schon höheren Alters genoss Dusty dieses freie Leben unglaublich, denn bei mir konnte sie so richtig Pferd sein.

So lebte sie schließlich bis in ihr 38. Lebensjahr bei mir, zwar mit ständiger tierärztlicher Behandlung, aber bei gutem Wohlbefinden. Sie litt gegen Ende schon unter sehr massiven Atemproblemen, zudem schlugen die Medikamente auch nicht mehr so gut an. Ich weiß noch, wie ich an einem heißen Sommertag zu ihr auf die Weide ging und ihr die Hand aufs Fell legte. Sie schwitzte stark, doch ihr Körper fühlte sich eiskalt an. In diesem Moment wusste ich, dass unser Abschied gekommen war. Natürlich holte ich noch die zuständige Tierärztin, die mir dann mitteilte, dass sie Dusty nicht mehr helfen konnte. Ich wollte meiner stolzen alten Pferdedame unnötiges Leid ersparen, und so steckte ich ihr noch einige Stücke Zucker ins Maul und streichelte sie ein letztes Mal. Danach haben wir sie an meiner Hand eingeschläfert.

An diesem äußerst traurigen Tag für mich war mein einziger Trost, dass ich der eleganten Stute noch einen schönen Lebensabend hatte bieten können. So ist also Dusty ihrer ehemaligen Besitzerin, meiner alten Freundin, gefolgt. Von beiden bleibt heute nur noch die Erinnerung. Die aber werde ich für immer bewahren.

Pferde haben, je nach Rasse etwas unterschied-lich, eine Lebenserwartung von 25 bis 30 Jahren. In Einzelfällen können Pferde auch noch älter wer-den. Fachleute erkennen das Alter eines Pferdes an seinen Zähnen. Diese wachsen lebenslang nach, erst im Alter verringert sich das Zahnwachstum, bis es schlus-sendlich ganz zum Stillstand kommt.

Fjordpferde stammen aus Norwegen und gehören zu den äl-testen Pferderassen Europas. Wie keine andere Pferderasse ähneln sie dem Przewalskipferd, dem einzigen noch existieren-den Wildpferd. Fast alle Fjordpferde haben eine deutliche Ze-brastreifenfärbung an den Beinen. Auch die zweifarbige Mäh-ne ist ein wichtiges Rassemerkmal der Fjordpferde. Die sehr robusten, genügsamen Tiere sind arbeitsfreudig, nervenstark und gutmütig. Fjordpferde eignen sich daher hervorragend als Freizeit- und Familienpferd.

Alte Pferde verdienen und brauchen unsere besondere Aufmerksamkeit. Die Zähne von äl-teren Pferden müssen regelmäßig von einem Tierarzt kontrolliert und abgeschliffen werden. Wird dies vernachlässigt, leiden die Tiere große Schmerzen und magern ab, weil sie nur mehr schlecht fres-sen können. Alte Pferde sollten nur noch im Rahmen ihrer Möglichkeiten gefordert werden und rechtzeitig das ver-diente Gnadenbrot genießen dürfen. Eine leichte Beschäf-tigung, ausreichend Zuwendung sowie eine altersgerechte Fütterung gewährleisten Pferden einen schönen langen Lebensabend.

14 Nachts sind alle Katzen grau

Willi, das lebende Stofftier im Kinderzimmer

Meinen Willi hatten mein Vater und sein Freund Willi im Wald gefunden, als sie aus einer illegal aufgestellten Marderfalle ein klägliches Maunzen hörten. Sie fanden einen gefangenen getigerter Kater mit weißen Pfoten und einem weißen Brustfleck, den sie sofort retteten. Seine Nase und Pfoten waren wund und blutig, weil er natürlich verzweifelt versucht hatte, sich zu befreien. Mein Vater brachte ihn mit nach Hause, und ich fuhr sofort mit ihm zum Tierarzt. Der meinte, das geschwächte Tier musste mindestens eine Woche, wenn nicht länger, in dieser engen Kastenfalle zugebracht haben und wäre wohl in den nächsten Stunden gestorben, wenn mein Vater es nicht gefunden hätte. Der arme Kater war so stark ausgetrocknet, dass man seine Haut mit zwei Fingern zu einer Haube formen konnte, die sich nicht wieder ausglich. Ein Nierenversagen schien mehr als nur wahrscheinlich, darum hatte er nach Ansicht des Arztes auch kaum Überlebenschancen. Das Tier wog trotz seiner stattlichen Größe nur noch 800 Gramm. Wir tauften es Willi, nach dem Begleiter meines Vaters bei seiner Auffindung.

Ich war wild entschlossen, alles zu versuchen, um den Kater zu retten, und brachte ihn in eine Tierklinik, wo er eine sehr intensive Therapie erhielt und vierzehn Tage lang am Dauertropf hing. Aufgrund seines geringen Alters regenerierten sich seine Nieren doch noch. Wir haben Willi mit vereinten Kräften durchgebracht und wieder aufgepäppelt. Ich nahm ihn mit nach Hause und war sehr erleichtert, dass er sich von Anfang an gut mit meinen Hunden vertrug. Leider wollte es aber mit meinem Kater Tiger, den ich damals schon seit sechs Jahren besaß, gar nicht klappen. Die beiden konnten sich von Anfang an nicht leiden und sind ständig aneinander geraten. Ich hatte große Angst, dass mein damals einjähriger Sohn einmal in eine solche Rauferei hineingeraten und verletzt werden könnte. Da mein Tiger vor Willi da gewesen war, bemühte ich mich schweren Herzens, einen guten Platz für Willi zu finden, was sich allerdings als schwieriges und langwieriges Unterfangen erwies. Also musste ich ausharren und die beiden Streithähne irgendwie auseinander halten. Ich hatte es nicht leicht damals, mit diesen kämpfenden Katzen, dem Baby und den Hunden. Der häusliche Friede war dahin und man musste ständig darauf achten, nicht irrtümlich die falsche Türe zu öfnen und die Katzen unbeabsichtigt aufeinander loszulassen.

Eines Tages jedoch schaute ich in das Kinderzimmer und beobachtete eine rührende Szene: Mein Kind lag auf seiner blauen Babydecke und hatte ein Spielzeugauto in der Hand. Willi lag ausgestreckt einen Meter daneben. Als mein einjähriger Sohn das Auto zu ihm hinschob, schubste es der Kater sanft wieder zurück. Das geschah mehrmals. Einmal pratzelte Willi das Auto so weit auf die Seite, dass mein Sohn es nicht mehr erreichen konnte. Er wollte gerade das Gesicht zum Weinen verziehen, als Willi das Auto holte und es zu meinem Sohn zurückschob. Dieses Tier konnte ich nicht hergeben! Ich hatte erkannt, was für ein guter und einfühlsamer Freund Willi für mein Kind war und welch speziellen Charakter er besaß!

Willi saß später noch oft mit meinem Sohn in der Gehschule und spielte mit ihm. Wenn er das kleine Kind mit der Pfote berührte, hatte er stets alle Krallen ganz tief eingezogen und passte gut auf, dass seinem Menschenfreund nur ja nichts passierte.

Da sich auch auf meine Versuche, den ehemaligen Besitzer des Katers zu finden, niemand bei mir meldete, beschloss ich, ihn nun doch zu behalten.

Jetzt musste ich nur noch das Problem mit den beiden Streithähnen lösen. Also habe ich mir Willi vorgenommen und zu ihm gesagt: „Pass auf, weil du so lieb zu meinem Kind bist, darfst du bleiben. Aber nur unter der Voraussetzung, dass du dich mit meinem Tiger verträgst, denn so geht das auf Dauer nicht!" Ich sah ihm bei meiner Predigt streng in die Augen. Ob er mich verstanden hat, weiß ich bis heute nicht, aber die Lage besserte sich allmählich. Zusätzlich griff ich auch zu einem alten Trick: Jedes Mal, wenn die Tür offen war und ich schon sah, dass sich die beiden am Kriegspfad befanden, holte ich meine Blumenspritze und zielte auf die kampfeslustigen Katzen.

Da ich mich einmal zu einem konsequenten Durchgreifen durchgerungen und den beiden damit einen gehörigen Schreck eingejagt hatte, besserte sich die Situation ab diesem Zeitpunkt relativ rasch. Geliebt haben sich die beiden nie, und manches Mal sind auch noch die Fetzen geflogen, doch die dauernde Spannung zwischen den beiden war deutlich abgeflaut.

Dennoch hat mein Willi ein Trauma von seiner schrecklichen Erfahrung zurückbehalten. Absurderweise suchte er, trotz der langen Zeit in dieser Kastenfalle und seiner verzweifelten Versuche, sich daraus zu befreien, ständig nach engen Räumen, in die er hineinschlüpfen konnte. Kaum befand er sich jedoch in dem kleinen Versteck, überfiel ihn die Panik – er begann zu zittern und sich so stark zu kratzen, dass er sich verletzt hätte, wenn man ihn nicht rechtzeitig bemerkte und wieder hervorholte. Ich nahm ihn dann einfach in den Arm und streichelte ihn, bis er sich wieder beruhigte und sicher fühlte. Manchmal hatte ich auch den Eindruck, dass Willi Albträume plagten, denn er schreckte oft im Schlaf hoch.

Mein Willi wurde sehr alt und lebte 16 Jahre lang bei uns. Sein genaues Alter haben wir natürlich nicht gekannt. Er war bis zu seinem Ende ein liebevoller und äußerst verschmuster Kater und blieb auch meinem Sohn stets ein teurer und anhänglicher Freund.

Sissi – ein Leben wie eine Kaiserin

Eines Tages wurde ich im Dorf zu einer überfahrenen wilden Katze gerufen. Dem Tier konnte man nicht mehr helfen, aber aufgrund seines stark angeschwollenen Gesäuges war klar, dass es noch irgendwo Katzenbabys geben musste. Wir haben die bereits toten Jungtiere dann auch rasch gefunden, doch bei genauerem Hinsehen stellte ich fest, dass sich eines dieser Minikätzchen noch bewegte. Ich nahm es sofort an mich, wärmte es unter meinem Pullover und brachte es zum Tierarzt.

Das kleine Katzenbaby bekam von mir den Namen Sissi und wurde mit der Flasche großgezogen. Um dem Tier die ganze Zeit über Körperwärme abzugeben und Geborgenheit zu vermitteln, trug ich es in einem kleinen Stoffbeutel um meinen Hals. Ich fütterte sie mit Katzenaufzuchtmilch aus einer kleinen Pipette und kontrollierte täglich ihr

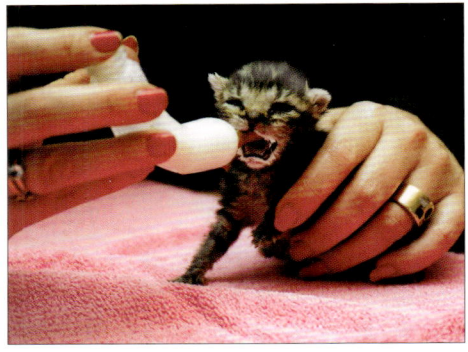

Gewicht. Obwohl der Tierarzt dem Katzenbaby aufgrund seiner Unterkühlung und der Tatsache, dass es erst höchstens zwei Tage alt war, nicht viele Chancen eingeräumt hatte, brachte ich es glücklicherweise durch.

Meine Sissi, ein kleinwüchsiges und zartgebautes Tigermädchen, blieb ihr Leben lang eine halbe Wildkatze. Obwohl sie sehr an mir hing, war sie ständig unterwegs. Täglich zog sie los, kam aber immer wieder brav zurück. Allerdings hatte sie unverständlicherweise eine Fehde mit meinem Sohn angefangen, der zu diesem Zeitpunkt noch ins Gymnasium ging. Vermutlich aufgrund von Eifersucht, taten sich die zwei aber auch wirklich alles zu Fleiß. Lag zum Beispiel irgendwo ein Schulheft herum,

zerfetzte es die Katze mit großem Vergnügen. Wenn es ganz schlimm herging, pinkelte sie sogar mit großer Freude in seine Schuhe oder gar in seine Schultasche. Mein damals pubertierender Sohn zahlte es ihr zwar manchmal heim, aber immer auf harmlose Weise. Schlief sie etwa irgendwo friedlich, ging er

zu ihr und stupste sie an, um sie zu wecken. Natürlich hat Sissi sich immer sofort mit spitzen Krallen zur Wehr gesetzt.

Meine kleine Wildkatze brachte auch fleißig Mäuse mit nach Hause. Manchmal war die auch noch lebendig und wohnten dann eine Zeit lang bei uns.

Im Winter kam meine schlaue Sissi jeden Tag pünktlich um vier Uhr früh nach Hause. Ich machte mir immer Sorgen, dachte, die arme Katze wäre die ganze Nacht über in der Kälte bei eisigem Wind im tiefsten Schnee unterwegs und daher völlig durchgefroren.

Deshalb bin ich jeden Tag brav um vier Uhr aufgestanden, mit ihr in die Küche gegangen und habe ihr etwas Futter angewärmt, damit sie zumindest eine warme Mahlzeit hatte. Wir kuschelten uns danach im Bett gemeinsam unter die Decke und schliefen noch ein bisschen. Drei kalte Winter lang haben wir dieses Ritual, das zu einer liebgewordenen Gewohnheit wurde, beibehalten. Eines Tages jedoch bekam ich einen Anruf von einem älteren Herrn, der weiter unten in meiner Gasse wohnte. Er fragte mich, ob ich die Besitzerin der Katze Sissi sei. Als ich bejahte, erzählte er mir folgende Geschichte: Zu ihm kam schon das dritte Jahr in Folge jeden Winter eine kleine zarte Tigerkatze, die in seinem Haushalt, er war alleinstehend, vollkommen das Regiment übernommen

hatte. Sie war die Dame des Hauses, denn sie lag liebend gern vor seinem Kamin auf ihrem eigenen Daunenkissen, wenn sie gemeinsam fernsahen. Sie ließ es gerne zu, dass er sie streichelte, wollte er aber auf das Namensschild schauen, das sie um ihren Hals trug, kratzte Sissi ihn sofort. Er konnte gerade einmal lesen, dass sie Sissi hieß, aber umdrehen, um zu schauen, wo sie wohnte, konnte er das Schildchen nie. Das ließ die schlaue Katze nicht zu. Zudem erzählte mir der Mann, dass sie sehr heikel war, was ihr

Futter betraf. Sie fraß nur Shrimps. Also kaufte er diese Leckerei in größeren Mengen tiefgefroren und taute eine Portion gegen Abend auf, damit er Futter für die kleine Katze parat hatte, sobald sie vor seiner Terrassentür auftauchte und lautstark Einlass verlangte. Etwas jedoch fand er höchst eigenartig: Sissi schlief natürlich bei ihm im Bett, aber um Punkt vier Uhr früh stand sie jede Nacht auf und verschwand!

Meine Katze kam also nicht, wie von mir angenommen, aus der Kälte, sondern hat jeden Tag einfach nur das Bett gewechselt.

So teilte ich mir Sissi jahrelang mit diesem netten älteren Herrn, bis er eines Tages von hier wegzog. Von da an blieb mein schlaues Kätzchen bei mir und lag auch die ganze Nacht in meinem Bett. Shrimps im Katzennapf gab es für sie jedoch nur noch an hohen Feiertagen.

Über den Zaun geworfen

Als ich mich eines Sonntags in meinem Stall aufhielt, fiel mir etwas höchst Sonderbares auf. Auf der Forststraße, die zu meinem Gelände führt, sah ich ein junges Paar mit einer auffallend großen Reisetasche auf und abgehen. Sie kamen bis an mein Tor, schauten sich um, und als sie mich sahen, verschwanden sie wieder. Eine Viertelstunde später tauchten sie noch einmal auf, nur um gleich darauf wieder zu gehen. Diese beiden Menschen benahmen sich äußerst suspekt! Da ich aber zu Mittag Gäste erwartete, musste ich mich auf den Weg nach Hause machen. Ich versperrte mein Tor und wollte das Pärchen auf dem Weg nach unten noch ansprechen, sah sie dann aber nirgendwo mehr. Mit einem unguten Gefühl verließ ich den Stall und fuhr heim.
Nachdem mein Besuch gegangen war, fuhr ich sofort wieder zum Stall zu-

rück. Mein Gefühl hatte mich nicht getäuscht. Das Paar hatte bei mir einen roten, schwer abgemagerten und furchtbar kranken Kater ausgesetzt. Er konnte kaum stehen, seine Augen und Ohren eiterten und sein Bauch war steinhart. Dieses Tier befand sich in einem derart grauenhaften Zustand, dass ich es sofort in die Tierklinik bringen musste, wo der Kater fast vier Wochen stationär behandelt wurde. Mein kleiner Patient hatte so gut wie alle Krankheiten, die eine Katze nur haben kann: Gastritis, einen Nieren- und Leberschaden, war abgemagert, hatte alle möglichen Arten von Parasiten, Augen- und Ohrenentzündungen und eine weitere endlose Liste an medizinischen Problemen.

Zu Beginn musste das arme Tier künstlich ernährt werden, bekam eine Dauerinfusion und konnte nur äußerst langsam und mit Hilfe einer speziellen Schonkost wieder ans Fressen gewöhnt werden.

Wieder bei Kräften, nahm ich den Kater mit, quartierte ihn im Stall ein und taufte ihn Bärli, weil er aussah wie ein roter Teddybär. Der wunderschöne, stolze Kater war ein hervorragender Rattenfänger und daher sehr nützlich für unsere Futterkammer.

Später stellte ich ihm eine schwarze Gefährtin namens Murli zur Seite, die ebenfalls heimatlos, aus dem Wiener Tierschutzhaus zu mir zog.

Die Tierärzte haben damals das Alter von Bärli, als er zu mir kam, auf rund fünf Jahre oder mehr geschätzt. Bei mir lebte er noch weitere dreizehn Jahre und starb dann mit mindestens 18 an Altersschwäche.

INFO

Katzen sind nachtaktive Tiere. Sie können im Dunkeln weit besser sehen als wir Menschen. Sie haben ein ausgezeichnetes Gehör und nehmen selbst die leisesten Geräusche wahr. Der Geruchssinn der Katzen ist hervorragend, die Tiere besitzen außerdem noch ein zusätzliches Riechorgan auf dem oberen Gaumen, das man „Jakobson-Organ" nennt. Katzen haben Tasthaare an Ober- und Unterlippe, an den Backen, über den Augen und an den Vorderpfoten. Die sensiblen Tiere können mit ihren Tasthaaren nicht nur Berührungen und Vibrationen wahrnehmen, sondern auch den Luftdruck und Temperaturschwankungen erfühlen.

Unsere Hauskatzen stammen von der Wildkatze ab und gehören zu den katzenartigen Raubtieren. Sie sind trotz Domestizierung immer noch gute Jäger. Auf der Zunge der Tiere sitzen kleine Hautdornen, die in Richtung ihres Körpers zeigen und als Hilfe bei der Fellpflege und zum Abschaben des Fleisches von Knochen dienen. Katzen haben an den Vorderpfoten je fünf und an den Hinterpfoten je vier Krallen, die von dem Tier regelmäßig abgenützt und geschärft werden müssen. Durch einen speziellen Sehnenmechanismus können Sie diese Krallen einziehen und ausfahren. Katzen sind nicht in der Lage, die Geschmacksrichtung süß zu schmecken.

TIPP

Freilaufende Tiere, mit Ausnahme von Zuchtkatzen, müssen in Österreich von Gesetzes wegen kastriert werden. Es empfiehlt sich darüber hinaus dringend, seine Katze mit einem Mikrochip kennzeichnen und registrieren zu lassen, da entlaufene oder verunfallte Tiere so leichter identifiziert und gefunden werden können. Katzen sind regelmäßig zu impfen und zu entwurmen.

15 Das liebe Federvieh

Unmittelbar nachdem ich mit
meinen Tieren in den ehemaligen Tierpark im Wienerwald
gezogen war, schaffte ich mir
eine kleine Hühnerschar an.
Ich hatte ja nun genügend Platz
und freute mich auch auf die
guten, frischen Eier. Dies sollte
jedoch der Beginn einer großen
Leidenschaft werden, und so
faszinieren mich ausgefallene
Hühnerrassen bis heute.

Kuschelige Chinesische Sei-
denhühner, Lockenhühner,
Zwerghühner und seltene ös-
terreichische Hühnerrassen be-
völkern meinen Hof. Einige der Tiere sind auch extrem zutraulich. Kasimir,
der zahme Lockenhahn, liebt es beispielsweise, auf meiner Schulter zu sitzen.
Ein Frühling ohne entzückende Küken wäre heute für mich unvorstellbar.

Es ist mir seit vielen Jahren außerdem eine tägliche Freude,
das reiche Verhaltensrepertoire
meiner Hühner zu beobachten.
Hennen sind hervorragende
Mütter, die sich sehr intensiv
mit ihren Jungen beschäftigen.
Ich habe deshalb auch noch nie
einen Brutapparat verwendet,
weil ich den Babyhühnern die
Möglichkeit dieses natürlichen
Erlernens aller Lebensfertigkei-
ten und die Geborgenheit bei
der Glucke nicht nehmen will.
Das Besondere an Hühnern ist
für mich vor allem, dass sie so

unterschiedliche Charaktere haben. Winzige Küken innerhalb eines Geleges entwickeln sich schon von klein auf ganz unterschiedlich. Und vom dummen Huhn kann schon gar keine Rede sein. Die gescheiten Tiere werden schnell zahm und erlernen kleine Kunststücke mühelos, am besten mit Clicker-Training.

Immer wieder habe ich auch Tiere aus Hühnerfarmen zu mir genommen, um ihnen ein gutes Leben zu ermöglichen. Es ist faszinierend, wie schnell auch erwachsene Hühner, die bisher keine Gelegenheit hatten, ihren natürlichen Verhaltensweisen nachzugehen, plötzlich begeistert in der Erde scharren, ein Sandbad nehmen und damit beginnen, Würmer aus der Wiese zu picken. So etwas beobachten zu können, ist immer ein ganz besonderes Erlebnis.

Sexbombe Fridulina

Besonders, wenn ein Huhn krank wird und man es pflegt, wird es sehr schnell zahm und bleibt dann auch sein Leben lang treu an der Seite ihres Menschen. So zum Beispiel meine Altsteirer Sperberhenne Fridulina.

Sie ist sehr zutraulich und lässt sich gerne auf den Arm nehmen und streicheln. Das kommt vor allem daher, dass wir beide so viel gemeinsam erlebt haben: Ich hatte sie im Herbst als Legehenne von einem Hobbyzüchter in meiner Nähe gekauft, doch im darauffolgenden Frühjahr wurde sie plötzlich sehr krank. Sie sah aus, wie nach einem Schlaganfall, konnte weder fressen noch gehen, und ihr Kamm war ganz blass geworden. Jeder, der sie sah, meinte, man sollte sie einschläfern. Abend für Abend fürchtete ich, dass Fridulina die Nacht nicht überstehen würde. Da es sich bei der Henne aber um ein noch so junges Tier handelte, wollte ich sie unbedingt durchbringen. Also habe ich sie mit in die warme Küche meines Stalls genommen und sie so gut es ging mit der Hand gefüttert und getränkt.

Als dann eine Tierärztin zu mir kam und ich ihr meine Fridulina zeigte, riet sie mir, meine Henne mit einem Breitbandantibiotikum zu behandeln, für den Fall, dass es sich bei ihrer Erkrankung um eine Infektion handelte. Da das Medikament aber nicht besonders gut anschlug, machte ich mich auf der Geflügelklinik der tierärztlichen Universität weiter auf die Suche nach einer möglichen Ursache für den schlechten Zustand meiner Henne. Dort wurde dann der Verdacht geäußert, dass sie an einer Virusinfektion leiden könnte, die das Gehirn beeinträchtigt, was wiederum die Schlaganfallsymptomatik erklärt hätte. Nach zehntägiger Gabe von Kortison hat

sich der Zustand der Henne zwar leicht gebessert, sie konnte allerdings immer noch nicht alleine gehen und fressen. Wenn ich sie hingestellt habe, ist sie einfach umgefallen. Aber ehrgeizig wie ich nun einmal bin, wenn es um das Wohl von Tieren geht, wollte ich nicht so schnell aufgeben und fasste den Plan, die arme Henne einfach weiter zu füttern und sehr viel Physiotherapie mit ihr zu machen. Zusammen mit Christa, der guten Seele meines Stalls, habe ich täglich mehrmals die Flügel seitlich ausgestreckt gehalten und Fridulina ein paar Schritte gehen lassen. Es war ein langwieriges Unterfangen, aber ich blieb beharrlich.

Als meine Henne ihre Füße dann wieder aufsetzen konnte, den einen noch besser als den anderen, hatten wir noch einen langen Weg vor uns, aber im-

merhin fraß sie damals schon wieder selbstständig. Ich ließ in meinen Bemü-
hungen nicht nach und trainierte mehrmals täglich intensiv mit dem Tier.
Heute hat die tapfere Henne zwar immer noch eine ganz leichte Schlagsei-
te beim Gehen, aber sie läuft herum, frisst selbstständig, ist ein vollwertiges
Huhn und legt jeden Tag ein Ei.

Zudem ist Fridulina mittlerweile eine sehr gefragte Dame im Hühnerstall.
Letztes Jahr schlüpften drei Küken von ihr, was mir natürlich eine besonders
große Freude bereitete, zumal Fridulina eine vorbildliche Mutter war. Oft,
wenn ich in den Hühnerstall komme, sehe ich sie bei Liebesspielen mit den
schönsten und jüngsten Rassehähnen. Am liebsten sind ihr die Seiden- und
Lockenhähne, so viel konnte ich schon herausfinden. Unsere kleine Sexbombe
geht auf der Wiese spazieren, flattert herum und kann auch mühelos auf der
Stange sitzen. Sie sucht sich selbst ihr Futter im Hühnerstall, wobei sie eine
verwöhnte Feinschmeckerin geworden ist – vom Salat frisst sie beispielsweise
nur den gelben Innenteil. Fridulina hat also kaum größere Schäden zurückbehalten, ist nach wie vor sehr zahm und genießt auch gerne die Sonne, häufig
zusammen mit meinen Schweinchen.
Ihren Namen hat meine Henne übrigens von einem Witz unter den Tierärzten auf der Universitätsklinik: Alle Tiere, von welchen sie noch keine Diagnose
hatten und von denen die Ärzte noch nicht genau wussten, was ihnen fehlte,
nannten sie untereinander Fridulin. Und die Tiere hießen solange Fridulin, bis
die Veterinäre wussten, was ihnen fehlte und wie ihnen geholfen werden konnte.

Erst dann bekamen sie ihren richtigen Namen zurück. Da wir so lange nicht wussten, was meiner jungen Henne fehlte, taufte ich sie damals Fridulina.

Wie aus Martina der Ganter Martin wurde

Ich hatte drei Höckergänseeier von einem Freund geschenkt bekommen, dessen Gans vorzeitig von ihrem Gelege aufgestanden war und nicht mehr weiter brüten wollte. Ich legte die großen Eier unter die weiße Seidenhenne Trixi, eine meiner bravsten Bruthennen, obwohl ich nur wenig Hoffnung hatte, dass die Gänseküken noch schlüpfen würden. Tatsächlich erblickte dann auch nur ein Junges das Licht der Welt, war jedoch so schwach, dass es gleich das Köpfchen hängen ließ und umfiel, als ich es zum ersten Mal hochhob. Ganz schlaff lag das flauschige, gelbe kleine Gänsekind auf meiner flachen Hand. Das Gelege musste wohl schon zu sehr abgekühlt gewesen sein, sodass die Eier irreparabel geschädigt wurden. Meine kleine Gans war zu schwach, um alleine zu fressen, also habe ich sie mit viel Geduld und Zuwendung aufgepäppelt und immer gut warmgehalten. Das zarte Küken erholte sich erstaunlicherweise relativ rasch, und als es halbwegs fit war, überließ ich es wieder meiner braven Seidenhenne, die sich vorbildlich um das kleine Gänsekind kümmerte, obwohl es ihr sehr schnell über den Kopf wuchs. Es entwickelte sich zu einer prächtigen Höckergans, die ich Martina nannte.

Als meine Martina älter wurde, stellte sich jedoch heraus, dass sie ein Martin war. Bis heute ist der stattliche Ganter der Chef meiner Gänseschar.

Da man dieses Geflügeltier ja nicht alleine halten darf, kaufte ich eine Frau für Martin und hatte somit endlich auch eine Martina. Später kamen dann noch zwei wunderschöne Lockengänse zu mir, die der Züchter nicht mehr gebrauchen konnte.

Für einen Ganter ist Martin sehr zutraulich, und immer wenn ich das heute so kräftige und schöne Tier mit seinen hübschen Damen sehe, denke ich an mein süßes kleines Gänsekind zurück.

Henne Puppi und ihre Entenkinder

Als meine Freunde Max und Andrea mir drei Eier der raren französischen Entenrasse Rouen aus Frankreich mitbrachten, vertraute ich wieder auf eine meiner Seidenhennen, der schwarzen Puppi. Und tatsächlich brütete die kleine Henne so brav, dass aus den Eiern drei schöne kräftige Entenküken schlüpften. Diese Hausentenart, die optisch an Wildenten erinnert, finde ich wirklich schön, vor allem der Erpel ist prachtvoll gefärbt und imponiert mit seinem flaschengrünen Hals und seinen blauen Schwungfedern.

Puppi war jedoch sehr verzweifelt, als sich ihre Kinder gleich am ersten Tag begeistert ins Wasser stürzten und eifrig tauchten und umherschwammen. Laut gackernd und flügelschlagend lief sie um das Wasserbecken herum und beruhigte sich erst, als ihre Kinder wieder an Land kamen. Gleich nahm sie die patschnassen Küken unter ihr warmes Gefieder, um sie zu wärmen. Die arme

Henne sollte in den darauffolgenden Monaten noch so einiges mitmachen mit ihren kleinen Entchen, die ihr alsbald über den Kopf wuchsen, sich aber immer noch wie winzige Küken verhielten und meiner tapferen Puppi auf Schritt und Tritt folgten.

Die drei Rouenentenküken wuchsen zu schönen kräftigen Tieren heran und machten ihrer edlen Rasse alle Ehre. Die beiden Entendamen legten fleißig Eier, die ich an befreundete Kleintierzüchter zum Ausbrüten verschenkte.

Meine schönen Enten leben nun schon seit fünf Jahren bei mir und teilen sich mit meinen Gänsen friedlich einen geräumigen Stall. Tagsüber sind sie auf der Wiese unterwegs und plantschen im Wasser. Am Abend brauche ich nur zu rufen, und sowohl meine Enten, als auch meine Gänse, kommen laut schnatternd angelaufen, um nachts vor dem Fuchs sicher zu sein.

Ein Pfau auf dem Friedhof

Mein erster Pfau kam zu mir, nachdem man ihn im Marchfeld auf einem Friedhof eingefangen hatte. Ob davongeflogen oder ausgesetzt – er hat niemandem gehört, dafür aber auf dem Gräberfeld monatelang sein Unwesen getrieben, Blumengestecke zerpeckt und Begräbnisstätten verwüstet. Weil sich die Friedhofsbesucher so sehr darüber beschwerten, fing ihn ein älterer Herr ein, bevor noch jemand auf die

Idee kam, ihn zu erschießen. Er übergab ihn schließlich mir, weil er selbst keine Verwendung und keinen Platz für das Tier hatte. Der besonders prachtvolle Vogel brauchte auch einen besonderen Namen, und so taufte ich ihn Romeo. Bald darauf haben sich noch zwei Pfaue zu uns gesellt. Diese Tiere stammten ursprünglich aus dem Nationalpark Neusiedlersee. Die Pfauenhenne hatte der Fuchs gefressen, und übrig geblieben war nur das Gelege mit sechs Eiern. Als Kurt, der Nationalparkdirektor, die Pfaueneier zu mir brachte, leitete ich sofort alles in die Wege, um möglichst viele der Küken zu retten. Wieder verwendete ich eine Bruthenne als Ersatzmutter. Leider hatte ich nur bei zwei Eiern Glück. Die beiden entzückenden Pfauenküken sind gesund geschlüpft, und die Bruthenne nahm sie

auch an. Einige Wochen später waren die Jungen jedoch schon erheblich größer als ihre Ziehmutter, sie suchten aber lustigerweise noch fast ein Jahr lang bei der Henne Unterschlupf, wenn sie sich bedroht fühlten. Die großen Vögel steckten dann einfach die Köpfe unter ihr Gefieder, denn mehr wäre beim besten Willen nicht möglich gewesen.

Die drei Pfaue leben seitdem bei mir auf dem Hof und schlagen im Frühling bis in den Sommer hinein prachtvolle Räder. Ihr typischer lauter Ruf ist weithin zu hören.

Gänse sind reine Pflanzenfresser, können 35 bis 40 Jahre alt werden und sind sehr wachsam. Ein Ganter bleibt seinen Gänsen ein Leben lang treu, bewacht und verteidigt erst das Gelege und später die Küken. In dieser Phase ist mit einem Ganter nicht zu spaßen. Das Federkleid einer Gans ist doppelt so schwer wie ihr Skelett. Die weichen Unterfedern, auch Daunen genannt, bilden eine wärmedämmende Schicht um den Tierkörper. Vom Verzehr einer Gänseleber wird dringend abgeraten! Das Stopfen von Gänsen ist eine grausame Tierquälerei, bei der die Tiere gewaltsam zwangsernährt werden, um eine krankhafte Fettleber zu bekommen. Enten sind Allesfresser und haben eine natürliche Lebenserwartung von 15 bis 20 Jahren. Entenpärchen finden sich im Herbst, bleiben über den Winter zusammen und trennen sich im Frühling nach der Eiablage wieder. Die Entenmutter zieht die Küken alleine auf. Bei Enten und Gänsen ist die Bürzeldrüse an der Oberseite der Schwanzwurzel besonders gut ausgebildet. Um ihr Gefieder wasserabweisend zu machen, verteilen sie das ölige Sekret mit dem Schnabel über ihr Gefieder.

Gute Legehühner legen im Jahr 250 bis 300 Eier – auch wenn sie ohne Hahn leben. Die Tiere bevorzugen instinktiv hohe Schlafplätze, um sich vor Fuchs und Marder zu schützen, daher sollten im Hühnerstall immer auch Sitzstangen weit oben montiert werden. Hühner haben zwei Mägen. Den Drüsenmagen mit Verdauungssäften und den Muskelmagen, in dem die Tiere ihre Nahrung mit Hilfe von kleinen Steinchen zermahlen. Es empfiehlt sich daher, Haushühnern immer zermahlene Muschelschalen, sogenannten Muschelgrit, zur Verfügung zu stellen. Hühner können bis zu 15 Jahre alt werden.

16 Wenn es hoppelt und pfeift

Schon als Kind war ich eine begeisterte Kaninchenhalterin. Diverse Tiere, die ich bei Ausflügen aufs Land vor dem Schlachten gerettet hatte, bevölkerten den Garten meiner Großmutter und mein Kinderzimmer. Ich nahm sie sogar manchmal mit in die Schule, bis sie mein Lateinprofessor eines Tages in meinem Bankfach fand. In die Schulaufführung im Burgtheater habe ich einmal ein weißes Zwergkaninchen in meiner Tasche hineingeschmuggelt, weil es mir knapp vorher von jemandem übergeben worden war, der es nicht mehr haben wollte. Der kleine blinde Passagier blieb zum Glück unentdeckt.

Auch heute noch besitze ich eine Gruppe von Kaninchen, die aus unterschiedlichen Gründen im Lauf der Jahre den Weg zu mir gefunden haben. Meist waren unüberlegte Käufe in Tierhandlungen der Grund, dass die Tiere ihren Platz bei den ursprünglichen Besitzern verloren. Sie leben nun bei mir in einem geräumigen Stall, zusammen mit einigen Meerschweinchen, und haben eine schöne Wiese als Auslauf, wo sie mit viel Ausdauer komplizierte Gänge und Baue tief in die Erde graben. Kaninchen sind sehr gesellig und sollen daher immer in der Gruppe gehalten werden. Eine Möglichkeit zum Buddeln ist unverzichtbar, denn das entspricht ihrer Natur und macht sie froh.

Neben kuscheligem Stroh und Heu sowie kleinen hölzernen Häuschen zum Verstecken, schätzen Kaninchen in ihrem Stall auch die Möglichkeit, sich auf verschiedenen Ebenen aufhalten zu können. Gerne haben sie nämlich auch manchmal den Überblick von weit oben, und man glaubt kaum, wie hoch auch große Kaninchen springen können. Es ist wichtig, männliche Tiere rechtzeitig kastrieren zu lassen, um eine unkontrollierte Vermehrung zu vermeiden.

Das gesamte Areal meiner Kaninchen ist mit einem Raubvogelschutznetz überspannt, denn da mein Hof mitten im Wald liegt, wären meine Schützlinge sonst eine allzu leichte Beute.

Mein Freund Harvey

Ich erinnere mich noch an eine besondere Kaninchengeschichte die mittlerweile schon viele Jahre zurückliegt.

Damals war ich im Marchfeld bei befreundeten Bauern zu Besuch und wollte, wie immer, gleich nach meiner Ankunft wissen, was es bei den Tieren Neues gab. Die Gastgeber erzählten mir von Problemen in ihrer Kaninchenzucht. Die Bäuerin berichtete, dass ihr beim letzten Wurf alle Kaninchen und die Mutterhäsin eingegangen waren und nur eines der Kaninchenbabys sich noch bewegte, aber sicher auch bald sterben würde. Sie rechnete sich keine Chancen mehr für das kleine geschwächte Tier aus. Ich wurde in den Stall geführt und nahm das nicht mehr als fünf Zentimeter große noch nackte und blinde Kaninchenbaby auf meine Hand. Es fiel gleich um und war sogar zu schwach, um seinen Kopf zu heben. Wir ahnten, dass das winzige Tierchen wohl in den nächsten Minuten sein zartes Leben aushauchen würde. Der kleine Körper war ganz kalt, weil das Junge keine Mutter mehr hatte, die es wärmte. Daher steckte ich das Kaninchenbaby sofort unter meinen Pullover. Im Haus wickelte ich es in ein weiches Tuch und legte es auf die Heizung, damit die aufsteigende angenehme Temperatur die Kälte aus dem kleinen Körper vertrieb. Obwohl es wirklich danach aussah, als würde das Tier in den nächsten Minuten sterben, hielt es tapfer durch. Die Chancen waren zwar sehr gering, es lebend bis nach Wien zu bringen, aber ich sagte mir: Wo Leben ist, da ist auch Hoffnung.

Heil zu Hause angekommen, brachte ich das Kaninchenbaby gleich zum Tierarzt und erfuhr, dass es an einer für Hasen nicht untypischen Infektionskrankheit litt. Und obwohl bereits sowohl seine Geschwisterchen als auch seine Mutter daran verstorben waren, kämpfte mein kleines Kaninchen, das schon so lange durchgehalten hatte, zäh weiter um sein Leben.

Schon das Medikament gegen die Krankheit in diesen winzig kleinen Hasenkörper zu injizieren, schien fast ein Ding der Unmöglichkeit. Aber es gelang, und so bekam ich die Chance, etwas über das Kaninchenmutterdasein zu lernen. Ich erfuhr beispielsweise, dass die Muttermilch von Kaninchen zu den fettesten im ganzen Tierreich zählt. Bei meinem Häschen musste die Aufzuchtmilch daher richtig ölig sein, damit man auf den natürlichen Fettgehalt einer Kaninchenmilch kam. Zum Glück hatte der Tierarzt ein passendes Fertigprodukt lagernd, denn wir konnten uns bei meinem schwachen, schwerkranken Kaninchenbaby nicht den geringsten Fehler erlauben. Kleinste Mengen des Präparats mussten stündlich mit abgekochtem Wasser frisch angerührt werden, um sie dem kleinen Patienten mit einer winzigen Pipette zu verabreichen. Dazu kamen noch tägliche Medikamentengaben gegen die heimtückische Krankheit. Nach einigen Wochen erhielt mein Kaninchenbaby zusätzlich einen Frühkarottenbrei aus dem Babynahrungsregal und Vitamintropfen vom Tierarzt, die ich in kleinsten Mengen in die Aufzuchtmilch mischte.

Wie durch ein Wunder hat sich das geschwächte Tier vollständig erholt und wurde mit jedem Tag kräftiger. Es wuchs und gedieh und bekam den Namen Harvey nach dem berühmten Filmkaninchen.

Damals wohnte ich allerdings noch in meiner Wohnung in Wien und zog Harvey zwischen meinen Hunden und Katzen groß. Es verwunderte daher kaum, dass sich mein kleines Häschen schon recht bald wie ein Hund fühlte. Und es entwickelte sich prächtig, wurde von Tag zu Tag größer. Endlich ausgewachsen, war Harvey zu einem Riesenhasen geworden, wog neuneinhalb Kilo und hatte eine ordentliche Speckfalte unter seinem Kinn. Jedes Mal, wenn ich mich nicht zu Hause aufhielt, sprang er auf mein Bett und kuschelte sich auf meiner Decke zusammen. Wieder daheim, habe ich nur noch die Mulde gesehen, in der er gelegen hatte. Harvey war in meiner Wohnung auch sonst sehr fleißig zugange. Alle Kabeln musste ich außer Reichweite schaffen, und die Möbelfüße hat er schon bald nach seinem Geschmack in Form genagt. Mit meinen Hunden lebte er problemlos zusammen.

Jeden Morgen kam er, auch noch als er schon über zwei Jahre alt war, in die

Küche gehoppelt, machte dort Männchen und verlangte nach seinem Fläschchen. Natürlich bekam er längst normales Futter, trotzdem musste er in der Früh Milch aus seinem Nuckel saugen. Um zu verhindern, dass mein Harvey zu dick wurde, habe ich ihm natürlich keine Aufzuchtmilch mehr gegeben, sondern stattdessen Magermilch mit Karottensaft serviert.

Mein riesiges Kaninchen war schon drei Jahre alt und meine Wohnung bereits ziemlich übel zugerichtet, da rief mich eines Tages mein Tierarzt an und fragte mich, ob ich meinen zahmen Harvey noch hätte. Ich bejahte und erzählte ihm auch gleich von meiner Verzweiflung über die angekauten Möbel. Er berichtete mir daraufhin, dass eine ältere Dame in Hietzing über eine komplette Infrastruktur für ein großes Kaninchen verfügte, samt eigenem Zimmer, Terrasse und Wiese. Sie hatte ihres wie einen Hund gehalten und ihn beim Fernsehen und Essen immer auf ihrem Schoß bei sich gehabt. Und dieses wie ein Pascha gehaltene Tier war kürzlich verstorben und die Dame untröstlich, dachte sie doch, nie wieder so ein zahmes Kaninchen zu finden. Ich packte die Gelegenheit beim Schopf, denn ich wusste, so ein luxuriöses Leben würde meinem Harvey gefallen. Also bin ich zuerst ohne ihn zu der Villa in Hietzing gefahren und habe mir alles persönlich angesehen. Die alte Dame war wirklich entzückend und hatte die letzten Jahre offenbar nur für ihr Kaninchen gelebt. Ich holte also meinen Harvey – und was soll ich sagen: Es war Liebe auf den ersten Blick. Auf beiden Seiten.

Neun glückliche Jahre haben die beiden miteinander verbracht, in welchen ich meinen Schützling und sein neues Frauchen regelmäßig besuchte.

Sicherlich kann man sagen, dass Harvey kein ganz artgerechtes Leben für ein Kaninchen führte, aber er war durch die Handaufzucht ja von Anfang an auf Menschen fixiert und schien sich in seinem Zuhause sichtlich wohlzufühlen. Manchmal erfordern besondere Situationen eben auch besondere Lösungen. Die nette alte Dame und das Kaninchen waren ein Herz und eine Seele, bevor sie schlussendlich beide im selben Jahr verstorben sind.

Security-Meerschweinchen

Schon im Alter von fünf Jahren bekam ich meine ersten zwei Meerschweinchen, Sascha und Mischa. Es handelte sich um wunderschöne Angora-Meerschweinchen, eines rot-weiß und eines dreifarbig. Ich kämmte das schöne lange Haar der Tiere täglich mit Hingabe und habe ihnen auch so manches kecke Zöpfchen geflochten. Sie lebten im Winter in einem geräumigen Käfig in meinem Kinderzimmer und im Sommer in einem Gehege im Garten meiner Großmutter. Die Nachmittage verbrachten sie meist auf meinem Schoß, und ich erinnere mich noch gut daran, dass ich sie damals auch öfter in meinem Puppenwagen spazieren

gefahren habe. Die beiden süßen, ganz zahmen Meerschweinchen fungierten auch als verlässliche Alarmanlage. Sie richteten sich sofort auf und warnten mit lauten Pfiffen, sobald jemand die Türe zu meinem Kinderzimmer öffnete, und oft auch schon vorher, wenn sie nur näherkommende Schritte vernahmen. So manches Geheimnis in meinem kleinen Reich blieb damals dank meiner klugen Wächter unentdeckt.

Als ich dann viele Jahre später den Tierpark im Wienerwald übernahm, blieben einige Meerschweinchen, die ich noch gesundpflegen musste, aus dem damaligen Bestand bei mir, und ich hielt sie zusammen mit meinen Kaninchen. Im Lauf der Jahre wurde ich außerdem immer wieder gebeten, das eine oder andere Tier zu übernehmen. Meist, wenn die ehemaligen Besitzer ihrer überdrüssig geworden waren.

So bekam ich einmal ein trächtiges Weibchen, das man einfach in einer Schachtel vor mein Tor gestellt hatte. Wenige Tage danach kamen drei entzückende Rosetten-Meerschweinchenbabys auf die Welt.

Ein anderes Mal übernahm ich zwei Meerschweinchen, eines schokoladenbraun, das andere rotblond, auf Ersuchen meines Tierarztes. Ich taufte die beiden wenig fantasievoll Schoko und Mausi. Beide befanden sich in einem herzzerreißend schlechten Zustand. Sie waren stark ausgetrocknet und von einem Pilz befallen, hatten zudem aufgrund mangelnder Pflege und fehlenden Auslaufs bereits tief in blutige und eitrige Ballen eingewachsene Krallen. Also badete ich die wunden, entzündeten Meerschweinchenfüßchen in lauwarmem Kamillentee und kürzte vorsichtig die verwachsenen Krallen. Zunächst musste ich die beiden Meerschweinchendamen von den anderen separieren, damit die Pilzinfektion nicht um sich greifen konnte. Als sie sich ein wenig stabilisiert und ich ihre Infektion erfolgreich bekämpft hatte, brachte ich sie zu ihren

Artgenossen und zeigte ihnen ihr neues Zuhause. Es dauerte auch gar nicht
lang, bis sich die beiden in meine gemischte Meerschweinchen-Kaninchen-
gruppe eingewöhnten.

Alle Meerschweinchen, die ich halte, sind genauso wachsam wie Sascha und
Mischa aus meiner Kindheit. Wann immer ich mich der kleinen Kolonie nähere, selbst wenn ich nur das Futter bringe, pfeifen die klugen Tiere frech
drauflos und warnen ihre Mitbewohner vor meiner Ankunft. Sie sind also die
Wachhunde meiner Kaninchenkolonie und erfüllen ihren Security-Dienst seit
nunmehr sechs Jahren auf meinem Hof.

Meine kleine Schoko begann letztes Jahr eines Tages stark zu hinken, zog sich
in ihr Schlafhäuschen zurück, wollte gar nicht mehr herauskommen und hörte
auch auf, zu fressen. Sofort brachte ich sie zu meinem Tierarzt, der das Hinter-
bein röntgte. Das Ergebnis lag schnell auf dem Tisch: Meine Schoko hatte eine
starke Arthrose im Knie. Gleich infiltrierte der Veterinär ihr wehes Gelenk
und konnte ihr die Schmerzen damit rasch nehmen.

„So etwas habe ich auch noch nie gemacht", meinte mein Tierarzt damals,
freute sich aber mit mir über den Erfolg. Schoko erholte sich rasch und marschierte bald darauf wieder munter pfeifend durch das Gehege.

INFO

Kaninchen und Hase werden oft verwechselt. Hasen leben als Einzelgänger. Sie können in Gefangenschaft nicht gehalten werden und ihre Jungen sind Nestflüchter, also gleich nach der Geburt auf sich allein gestellt. Kaninchen sind sehr gesellig und leben immer in Gruppen zusammen. Junge Kaninchen werden als Nesthocker nackt und blind geboren und müssen von der Kaninchenmutter gesäugt werden.

In Kaninchengruppen gibt es eine strenge Rangordnung. Die Tiere haben ein sehr ausgeprägtes Sozialverhalten und produzieren mit einer Drüse einen Duftstoff an der Unterseite ihres Kinns. Durch das Reiben mit dem Kinn an Gegenständen, markieren sie ihr Revier. Mit Hilfe eines Sekrets aus ihren Analdrüsen erkennen sich Kaninchen am Geruch untereinander.

TIPP

Kaninchen soll man nicht einzeln halten. Sie brauchen genügend Auslauf und die Möglichkeit, zu graben. Frische Äste zum Nagen sind sehr wichtig für die Gesunderhaltung der Zähne. Kaninchen werden bereits mit drei Monaten geschlechtsreif. Man muss die Tiere daher rechtzeitig nach Geschlechtern trennen und männliche Tiere zeitgerecht kastrieren lassen, will man eine unkontrollierte Vermehrung vermeiden.

17 Tiere aus Wald und Flur und ein kleiner Exote

Eau de Stinktier

Früher habe ich manchmal mit dem Zollamt zusammengearbeitet, das stets bemüht war, illegale Tierhändler aufzustöbern und ihrem Treiben ein Ende zu setzen. Eines Sonntagvormittags entdeckten wir auf einem Tiermarkt in Wien, dass dort illegal mit nicht erlaubten Papageienarten gehandelt wurde. Die Polizei konnte kurz darauf alle unsachgemäß und verbotenerweise angebotenen Tiere beschlagnahmen. Den Tumult und die Hektik, die daraufhin auf diesem Markt losbrachen, kann man sich sicherlich vorstellen. Überall wurden hastig Käfige und Kisten weggeräumt und abtransportiert. Ich stand mitten in dem Chaos zwischen den herumeilenden Menschen, als mein Blick plötzlich auf eine kleine unscheinbare Pappschachtel fiel, die bisher noch niemand beachtet hatte. Vorsichtig bückte ich mich hinunter, um meine Entdeckung genauer zu untersuchen, und sah ein paar wenige weiß-schwarze Haare aus dem Karton ragen. Behutsam öffnete ich ihn und sah darin ein winzig kleines Stinktierbaby liegen. Mit so einem Fund hatte ich nun wirklich nicht gerechnet! Das Tier war ganz kraftlos und bewegte sich kaum. Schnell eilte ich zu den Vertretern der Behörde und zeigte ihnen das kleine Wesen, das so aussah, als würde es jeden Moment sein Leben aushauchen. Wir wurden uns schnell einig, dass es keinen Sinn hatte, wenn sie das Junge mitnahmen. Es musste unverzüglich zum Tierarzt, und man bot mir an, das winzige Stinktier gleich an Ort und Stelle zu übernehmen. Ich stimmte natürlich zu.

Mein Tierarzt behandelte den Winzling zunächst mit warmen Infusionen und befreite ihn von seinen Flöhen und Würmern. Als das kleine Stinktier die kritischen ersten Stunden überstanden hatte, atmete ich erleichtert auf und nahm es mit nach Hause. Ich bereitete anfangs stündlich warme Katzenaufzuchtmilch zu und zog den kleinen Skunk mit der Flasche groß.

Mein Stinktier war gerettet und von der ersten Minute an handzahm, unglaublich putzig und anhänglich. Die Stinkdrüse hatte man ihm bereits entfernt, mit welchen Methoden will ich mir gar nicht vorstellen.

Als mein Schützling größer wurde, wollte ich ihm ein besonders schönes Gehege in meinem Garten bauen. Das stellte allerdings ein schwieriges Unterfangen und eine große Herausforderung dar, weil Stinktiere begnadete Baumeister sind und sich daher leicht überall durchgraben können. Es war also ein ausbruchssicherer Betonrahmen nötig, und in einem Meter Tiefe gruben wir zur Sicherheit auch noch ein Baustahlgitter ein. Zum Schluss pflanzte ich noch einige hübsche Sträucher und belegte den Boden des Geheges mit Rasenplatten, sodass dieses Tierreich zuletzt einem kleinen englischen Garten glich. Doch zu meiner großen Enttäuschung stellte die liebevoll angelegte Stinktierbehausung am nächsten Morgen ein umgepflügtes Feld dar. Ich sah keinen einzigen Grashalm mehr, dafür aber ein außerordentlich zufrieden schlafendes Stinktier. Bei dem englischen Garten für meinen weiß-schwarzen Schützling handelte es sich also um eine klassische Fehlinvestition.

Sonst war mein Skunk zahm wie eine Katze und lebte als äußerst lustiger Haus- und Zeitgenosse bis zu seinem Ende in seinem Gehege in meinem Garten. Es fraß viel Gemüse, hin und wieder ein Stück Fleisch, und am allerliebsten frische Eier. Ich weiß noch genau, wie es sein Ei unter sich so lange mit den

Vorderpfoten gerollt hat, bis es irgendwann aufplatzte und das Stinktier es mit Genuss fressen konnte. Auch Würmer und Engerlinge grub mein neuer Mitbewohner selbst aus und fraß sie mit Begeisterung. Tagsüber hat das Stinktier entweder geschlafen oder ist gemeinsam mit meinen Hunden im Haus herumgelaufen. Nachts – zu seiner besonders aktiven Zeit – durfte es im Garten nach Herzenslust buddeln und sich endlose unterirdische Tunnel und Gänge bauen. Mit stolzen zwölf Jahren schlief es schließlich friedlich in seinem Strohbettchen ein.

Igel Giacomo räumt auf

Ich kann mich auch noch gut an meinen ersten Igel erinnern. An einem kalten Novemberabend hatte ich es mir gerade vor dem Fernseher gemütlich gemacht. Es lief „Der Hofnarr" mit Danny Kaye. Während des Films stand ich auf und schlenderte ans Fenster, um hinauszusehen.

Als ich meinen Blick so über den hellen Plattenweg schweifen ließ, entdeckte ich plötzlich einen winzigen, knapp fünf Zentimeter großen Igel, der über die Steine huschte. Da der Winter vor der Tür stand und es schon richtig kalt draußen war, lief ich in den Garten und suchte nach den Geschwistern des

Winzlings. Außerdem hoffte ich, die Mutter des kleinen Igels zu finden, konnte jedoch keine weiteren Tiere entdecken. Ich vermutete, dass seine Artgenossen bereits ihren Winterschlaf hielten und der kleine Igel in meinem Garten zu spät im Jahr geboren worden und deshalb noch viel zu jung war, um den Winter im Freien überstehen zu können. Ich beschloss, das kleine Stacheltier über die kalte Jahreszeit zu behüten, und nahm es zu mir ins warme Haus. Noch während ich den Igel erstversorgte und zunächst alle seine Flöhe entfernte, sprang im Hintergrund weiter der immer fröhliche Danny Kaye durch das Bild meines Fernsehers. Deshalb nannte ich meinen kleinen Schützling Giacomo, nach dem Filmhelden.

Ich hielt ihn die ersten Tage über in einem Wäschekorb mit kuscheligem Heu, den ich mit einer Wärmelampe ausstattete und mit einem Tuch bedeckte. Was ich zu diesem Zeitpunkt noch nicht wusste: dass mein Giacomo, wie die meisten Igel, ein unglaublicher Entfesselungs- und Ausbruchskünstler war. Wo auch immer ich ihm ein Zuhause schaffen wollte, er fand einen Weg hinaus und erkundete mit unstillbarer Neugier das gesamte Umfeld seines Reichs. Sogar ein Kaninchenkäfig aus Metall stellte für den kleinen schlauen Gesellen kein Hindernis dar. Besonders in den Nachtstunden war das zu dieser Tageszeit aktive Tier unermüdlich unterwegs, und so ließ ich ihn schließlich frei durch die Zimmer huschen. Über meinem Bett hatte ich ein hohes Bücherregal, das die ganze Wand verkleidete. Und mein Giacomo konnte klettern wie ein Affe.

Nachts hat er sich dann gerne über die Bücher bis ganz nach oben gehangelt, zu einem stacheligen Ball zusammengerollt und zu mir aufs Bett fallen lassen. Ob er das mit Absicht tat, weiß ich bis heute nicht. Für ihn war das jedenfalls offenbar ein großer Spaß, für mich weniger, denn nicht selten hat er mich dabei getroffen. Wenn ich also nicht von Stacheln in meiner Haut geweckt wurde, dann von den Geräuschen, die der Igel machte, wenn er nachts durch das Zimmer wuselte.

Mein Giacomo heckte immer irgendetwas aus. Mal ist er in Kisten gekrochen, dann hat er meine Plastiksäcke in der Küche ausgeräumt, oder er ist seiner Lieblingsbeschäftigung nachgegangen und in den Zeitungsständer geklettert, wo er geräuschvoll schmatzend meine Zeitungen in winzige Stückchen zerbiss. Zudem war es nicht möglich, ihn stubenrein zu bekommen.

Wir haben diesen Winter also irgendwie gemeinsam durchgestanden, und sobald es warm genug wurde, habe ich ihm ein Zuhause im Garten eingerichtet. Im Frühsommer, als ich sicher sein konnte, dass mein Giacomo stark genug für das Überleben in Freiheit sein würde, nahm ich ihn mit in meinen Stall, mit dem Ziel, ihn auszuwildern. Monatelang kam er noch regelmäßig, um sich Futter zu holen, im Spätsommer verschwand er dann plötzlich für immer. Auch im Herbst sah ich den Igel kein einziges Mal mehr.

Den ganzen Winter über dachte ich an Giacomo. Ich wollte so gerne wissen, wie es ihm ging und ob er sich einen guten Schlafplatz für den kalten Winter gesucht hatte, oder ob ihm vielleicht etwas zugestoßen war. Und im April stand er im Stall plötzlich wieder vor mir und holte sich seine Leckerbissen. Er hat mich dann weiterhin jahrelang besucht und schließlich auch seine Igelfrau mitgebracht. Irgendwann kam er dann immer seltener, bis ich ihn schließlich als großen starken Igel aus den Augen verlor.

Wildenten – ein Abschied mit Format

Eines Tages fuhr ich mit dem Auto Richtung Maurer Berg und geriet in einen Stau. Vor mir stand die Kolonne auf der Straße komplett still, es gab kein Weiterkommen mehr. Irgendetwas war einige Fahrzeuge weiter vor mir passiert. Als ich eine Zeit lang in meinem Auto gesessen und gewartet hatte, wurde es mir schließlich zu bunt. Ich stieg aus, um zu sehen, was den Verkehr so lange aufhielt. Als ich die Spitze der Kolonne erreichte, sah ich eine Wildentenmutter panisch auf der Fahrbahn auf und ab laufen, während ihre sieben Küken unter einem parkenden Auto saßen und verwirrt weder ein noch aus wussten.

Natürlich musste ich der verschreckten Entenfamilie helfen. Schnell fand ich einen Bruder im Geiste – ein Mann, der ebenfalls ausgestiegen war, half mir. Gemeinsam fingen wir die kleinen Küken und die Ente, die ihre Kinder noch immer nicht im Stich gelassen hatte, ein, was wahrlich kein leichtes Unterfangen darstellte. Wir gaben sie für den Transport in den Hundekäfig, der sich in meinem Wagen befand. Ich nahm die kleine Entenfamilie mit auf meinen Hof. Dort angekommen, richtete ich den Tieren in einer Pferdebox eine provisorische Unterkunft ein. Ich fütterte sie erst einmal mit in Wasser eingeweichter Semmel, gehacktem Ei und klein gehackten Brennnesselblättern. Dann machte ich mich daran, ein Gehege für die Enten vorzubereiten. Ich kaufte ihnen sogar ein hellblaues Kinderplanschbecken, in dem sie nach Herzenslust schwimmen und tauchen konnten. Mit einer Rampe und einem Steg aus Holz wurde das Freibad kükensicher gemacht. Und so zog ich die Familie samt Muttertier groß. Als die kleinen Entenkinder herangewachsen waren, ließ ich sie an einem der Teiche auf meinem Gelände frei. In der Mitte des Gewässers errichtete ich ihnen eine kleine Holzinsel mit einer Hütte, in die sie sich vor Füchsen und Mardern in Sicherheit bringen und sorglos schlafen konnten.

Meine Wildenten sind längere Zeit über standorttreu geblieben. Obwohl sie tagsüber immer öfter wegflogen, kamen sie stets abends zu ihrem Teich zurück, wo sie ihre gefüllte Futterstelle vorfanden. Einmal jedoch – ich stand gerade vor meinem Stall – bildeten sie genau über mir eine perfekte Flugformation, drehten drei Kreise über meinem Kopf und verschwanden mit lautem Geschnatter für immer. Bis heute glaube ich, dass sie sich auf diese Weise bei mir bedanken und Abschied von mir nahmen. Ein wenig wehmütig sah ich ihnen nach, wie sie in der Ferne immer kleiner und kleiner wurden und schließlich als schwarze Punkte hinter dem Horizont verschwanden, um ein neues Leben zu beginnen.

Drei quirlige Marderbabys

Ein Bauer in meiner Umgebung fand eines Tages ein Mardernest auf seinem Heuboden. Nun muss man wissen, dass Marder nicht gerade beliebt bei den Landwirten sind, weil sie oft den Hühnern nach dem Leben trachten. Die Mardermutter war bereits weg, im Heu lagen nur noch die drei winzigen Tierbabys. Eigentlich wollte er sie gleich erschlagen, sagte er, aber dann fiel ich ihm ein. Er legte die Winzlinge in eine Schachtel und rief mich an. Da die kleinen Geschöpfe noch so hilflos waren, haben sie ihm dann offenbar doch irgendwie leid getan. Aber von seinem Hof mussten sie verschwinden, ließ er mich wissen. Er fragte mich, ob ich sie nehmen wolle, sonst würde er sie entsorgen. Natürlich habe ich mich sofort ins Auto gesetzt und bin losgefahren, um die kleinen Marderbabys abzuholen.
Was soll ich sagen? Sie waren entzückend! Nicht mehr als fünf Zentimeter groß und noch völlig hilflos. Ich ließ die kleinen Tiere wegen der Parasiten erst einmal tierärztlich versorgen, baute ihnen ein Nest in einem Korb, mit kuscheligem Polster, Plüschdecke und Wärmeflasche, und zog sie mit dem Fläsch-

chen und Katzenaufzuchtmilch groß. So sind die drei Marder also herangewachsen, und als sie schon zu groß für den Korb geworden waren, quartierte
ich sie in einem ausgeräumten Hühnerstall ein und schuf ihnen dort ein kleines Marderparadies. Auf einer Grundfläche von fünfundzwanzig Quadratme-
tern voller Strohballen baute ich ihnen Verstecke und Klettermöglichkeiten.
Sogar kleine Hängematten, wie man sie für Frettchen in der Haustierhaltung
verwendet, habe ich in ihre neue Behausung gehängt.

Das Futter für die kleinen lustigen Kerlchen habe ich langsam umgestellt auf
Gemüse, Obst, Fleisch und rohe Eier.

Die Tiere sind rasch groß geworden, dabei aber überraschend lange Zeit zahm

geblieben. Die Stalltü-
re ließ ich dann schon
bald offen, sodass die
kleinen Marder über
das ganze Gelände
tollen konnten und
die Freiheit hatten,
zu kommen und zu
gehen, wie es ihnen
gefiel. Sie haben sich
weiterhin gerne Fut-
ter geholt, sich danach
auf dem Dach meines
richtigen Hühnerstalls

die Sonne auf ihre dicken Bäuchlein scheinen lassen und dabei dem Federvieh
unter sich zugeschaut. Auch mit meinem jungen Rottweiler Paulus haben sie
sich damals angefreundet und viel mit ihm gespielt. Die drei munteren Marderkinder waren außerdem sehr auf Menschen bezogen, liebten es, bei einem
Ärmel hineinzuschlüpfen und beim anderen wieder hinauszukrabbeln. Ganz
angenehm war das aufgrund ihrer spitzen Krallen jedoch auch nicht immer.
Dennoch habe ich sie häufig unter meiner Jacke oder im Pullover spazieren
getragen.

Insgesamt hat es rund zwei Jahre gedauert, bis die Tiere schließlich ganz ausgewildert waren. Zu Beginn besuchten sie mich noch regelmäßig, später aber
wurden ihre Kurzvisiten immer seltener. Aber auch heute noch, fünf Jahre
nach ihrer Rettung, kommen sie hin und wieder zu Besuch.

Faszinierenderweise haben sie nie versucht einem meiner Hühner etwas anzu-
tun, auch nicht dann, als sie schon zur Gänze ausgewildert waren.

Eichkätzchen – ab in die Freiheit

Auch zwei junge Eichkätzchen hatte ich schon in meiner Obhut, zufälligerweise beide im selben Jahr. Einmal habe ich so ein kleines Tierchen großgezogen, weil es aufgrund eines Sturms aus dem Nest gefallen war. Seine Behausung lag zerstört am Boden und ich beobachtete einige Zeit lang, ob die Mutter ihr Baby, das noch fast kein Fell hatte, holen würde. Leider tat sie es nicht, und auch von den Geschwistern fehlte jeder Spur. So nahm ich das kleine Geschöpf mit nach Hause und zog es auf Anraten meines Tierarztes anfangs mit einer Milch für neugeborene Menschenbabys groß. Eine Woche später sollte ich

die Kindermilch dann eins zu eins mit Katzenaufzuchtmilch mischen, im Alter von etwas über einem Monat durfte das kleine Eichhörnchen schon Getreidebrei für Babys fressen, den es bereits selbstständig aus einem winzigen Schüsselchen leckte. Das zweite junge Eichhörnchen hingegen war schon ein wenig älter, als es den Weg zu mir fand. Das winzige Tier hatte schon ein paar Haare und sprang in Straßennähe in der Wiese herum, während ein ausgewachsenes Eichkätzchen überfahren auf der Straße lag. Sofort wusste ich, dass es sich um die Mutter des Jungen handeln musste. Ich suchte die Umgebung nach etwaigen Geschwistern ab, fand außer dem herumhüpfenden Eichhörnchenbaby jedoch kein weiteres. Das kleine Tierchen begann sofort, mir nachzulaufen. Leicht hätte man glauben können, dass es tollwütig war, weil es sich so untypisch verhielt. Doch verlassene Eichhörnchenkinder sind oft nur so verzweifelt, dass sie ihre Scheu überwinden, und sich Menschen in der Hoffnung auf Fürsorge und Futter anschließen.

Als ich mich hinunterbeugte und das federleichte Tier aufhob, hatte ich den Eindruck, dass es sichtlich froh war, jemanden zum Kuscheln gefunden zu haben. Ich gesellte es zu dem anderen jungen Eichhörnchen, das in einer Voliere mit belaubten Ästen lebte, und hängte einen weiteren Nistkasten in den oberen Bereich des geräumigen Käfigs. Gleich von Beginn an war das kleine Wesen völlig zahm und turnte abwechselnd auf mir und in seiner Voliere herum.

Als die Eichkätzchenkinder eine gewisse Größe erreicht hatten, ließ ich die Volierentür offen, um sie in die Freiheit zu entlassen. Anfangs kamen beide täglich zurück und verbrachten mehrere Stunden in ihrem Zuhause, nur um danach wieder zu verschwinden. Auch hier wurden die Besuche immer seltener, bis sie eines Tages erfolgreich ausgewildert waren und ich sicher sein konnte, dass sie eine reelle Überlebenschance in ihrem natürlichen Umfeld hatten.

Was tun, wenn man ein Wildtier findet?

Die Entscheidung, was zu tun ist, wenn man ein Wildtier findet, muss immer sehr sorgfältig abgewogen werden. In der Aufzucht muss man von Anfang an alles richtig machen, will man seinem Schützling wirklich helfen und ihn nicht verlieren. Die meisten Tiere werden leider völlig unnötig aus ihrer natürlichen Umgebung gerissen oder von ihren Müttern nicht mehr angenommen, weil sie nur durch eine kurze Berührung den menschlichen Geruch angenommen haben. Besonders bei Rehkitzen halten sich die Mütter oft in der Nähe auf, um Futter zu suchen, oder weil sie vor den Spaziergängern geflüchtet sind. Daher sollte man ein kleines Reh, außer es ist schwer verletzt, niemals berühren. Auch Tiere in intakten Nestern sind gänzlich tabu. Nicht immer gelingt die Auswilderung von handaufgezogenen Wildtieren, manche sind dadurch zu einem Leben in Gefangenschaft verurteilt oder können in der Freiheit nicht überleben. Nur wenn man wirklich ganz sicher ist, dass menschliche Hilfe die einzige Überlebenschance für ein Wildtier darstellt, sollte man es zu sich nehmen. Danach wendet man sich am besten sofort an die Fachleute einer einschlägigen Organisation – Vereine wie „Wildtiere in Not", Tierschutzhäuser oder niedergelassene Tierärzte wissen in solchen Fällen, was zu tun ist. Unter Umständen ist es das Beste, das Findelkind dort abzugeben. Ich selbst habe das auch häufiger getan. Möchte man das Tier jedoch selbst aufziehen, dann nur unter fachkundiger Anleitung und begleitender tierärztlicher Kontrolle. Man muss sich dabei aber stets bewusst sein, dass dieser Job sehr fordernd und zeitaufwendig ist. Nicht zuletzt ist es nicht einfach, seinen Schützling später ziehen zu lassen, weil er in die Natur gehört. Dennoch möchte ich persönlich die schönen Erlebnisse mit meinen Wildtieren nicht missen. Da ich mitten im Wienerwald zu Hause bin, hatte ich es natürlich auch leichter, die Tiere möglichst naturnah und artgerecht aufzuziehen und langsam unter meiner Aufsicht auszuwildern.

Igel halten einen Winterschlaf. Laubhaufen sollten daher ab Herbst in einer entlegenen Ecke des Gartens liegenbleiben, um den stacheligen Gesellen Unterschlupf zu gewähren. Junge Igel, die im kalten Spätherbst noch herumirren, sollten nur dann in menschliche Pflege genommen werden, wenn sie unter 500 Gramm wiegen. Igel sind Insektenfresser. Kleine Igel kann man mit Welpenersatzmilch vom Tierarzt aufziehen. Im Zoofachhandel gibt es auch Fertigfutter für Igel. Man sollte sich aber in jedem Fall von einem Tierarzt oder einer Tierschutzorganisation fachlich beraten lassen.

Eichhörnchen bauen ihre Nester, die Kobel genannt werden, in Astgabeln. Die Jungen sind bei der Geburt sechs Zentimeter groß und verlassen im Alter von sechs Wochen erstmals das Nest, werden aber noch weiter von der Mutter gesäugt. Die Tiere halten keinen Winterschlaf und ziehen sich nur bei sehr eisigen Temperaturen längere Zeit in ihr Nest zurück. Eichhörnchen gehören zu den Allesfressern. Sie verzehren auch Pilze, die für den Menschen giftig sind. Im Herbst sammeln Eichhörnchen ihren Futtervorrat für den Winter und vergraben ihn in der Erde. Die Tiere können vier bis fünf Meter weit springen. Für die Aufzucht von Jungvögeln, die aus ihrem Nest gefallen sind und oft von Gartenbesitzern oder Spaziergängern gefunden werden, eignen sich am besten Beoperlen aus dem Zoofachhandel. Dieses Eiweißfutter für Beos (Vogelart aus der Familie der Stare) muss man vor dem Verfüttern eine halbe Stunde in Wasser aufweichen. Durch das Antippen der noch gelben Schnabelwinkel der kleinen Nestlinge, öffnen sie den Schnabel und der Nahrungsbrei kann mittels einer Pinzette oder einer kleinen Einwegspritze gefüttert werden. Kleine Vögel müssen sehr warm gehalten werden.

Nachwort

Manchmal träume ich …

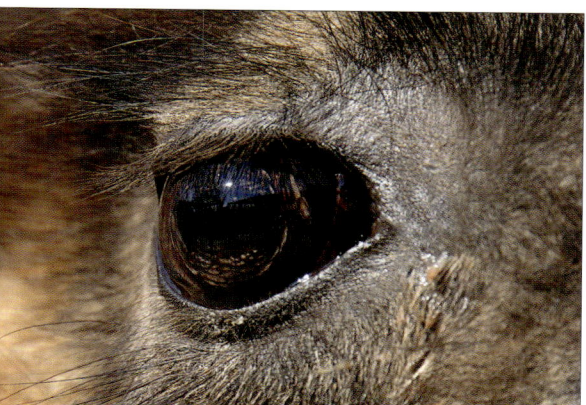 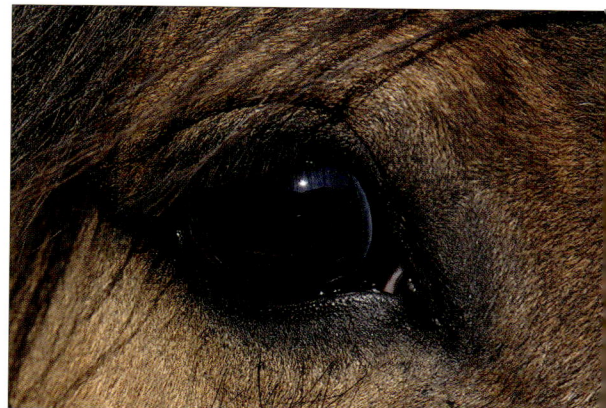

In all den Jahren meiner Arbeit mit Tieren habe ich Vieles gesehen und erlebt. Am traurigsten ist für mich die Tatsache, dass die meisten Tiere nicht die Chancen erhalten, die sie verdient hätten – denn häufig wird aufgehört, um ein krankes Lebewesen zu kämpfen, bevor die erste Schlacht geschlagen ist. Nach all den gesammelten Erfahrungen erkenne ich vor allem die Notwendigkeit, chronisch kranken Tieren ein sicheres und stabiles Zuhause zu geben und ihnen die aufwendige und oft auch kostenintensive Pflege zuteilwerden zu

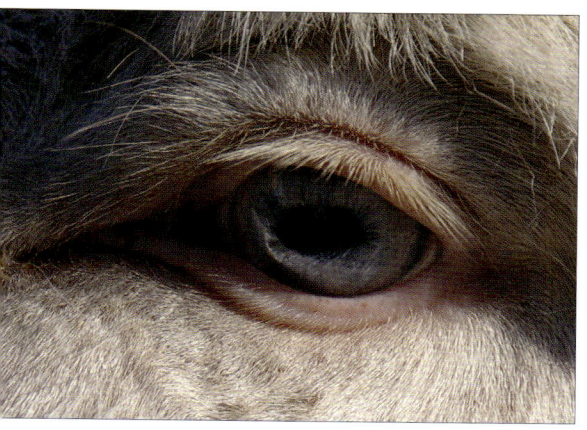 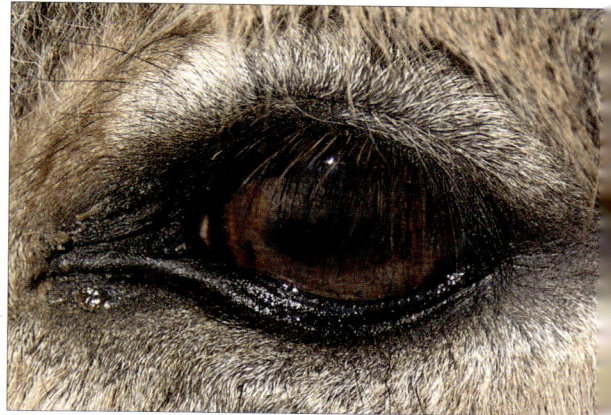

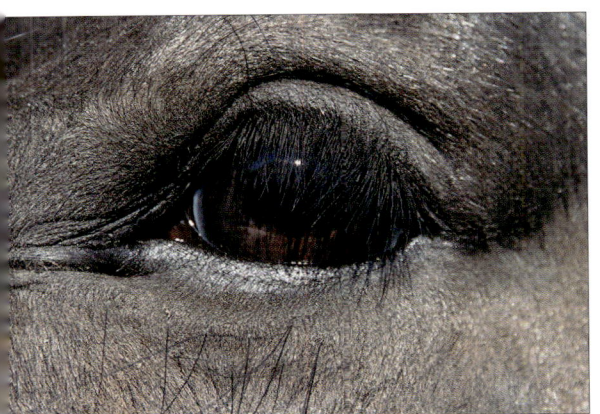 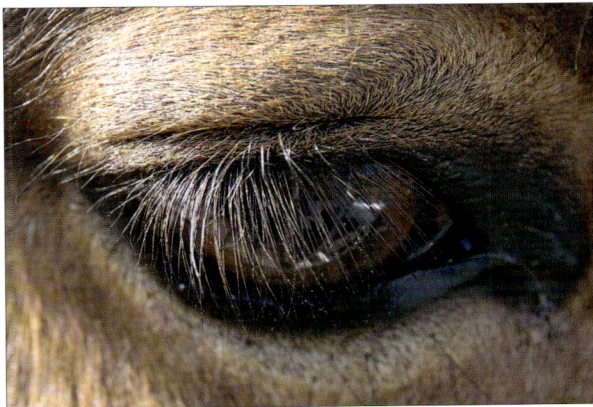

lassen, die sie benötigen, um trotz ihrer Probleme ein schönes Leben führen zu können.

Ich erträume mir ein Refugium für diese Geschöpfe, mit individueller, auf die Tierart und den speziellen Fall zugeschnittener Betreuung, sodass es nicht mehr notwendig ist, ein Lebewesen frühzeitig aufzugeben. Viel zu oft wird nicht bedacht, dass ein krankes Tier andere Haltungsbedingungen benötigt, als ein gesunder Artgenosse.

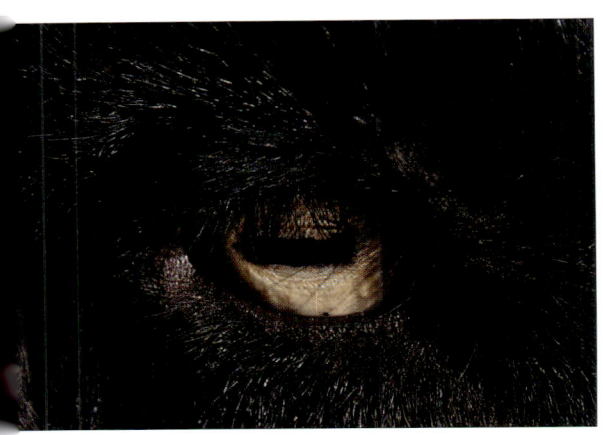 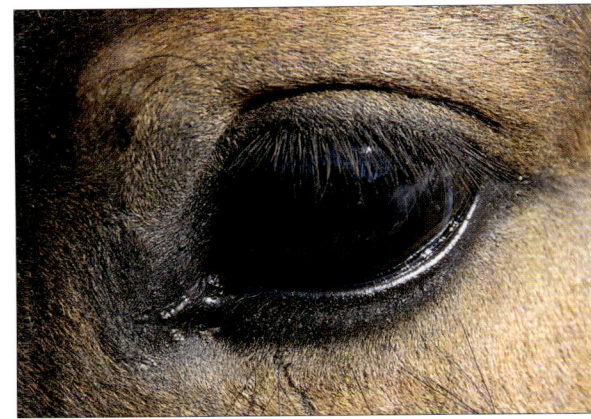

Ich erträume mir einen Hof, auf dem ich es Menschen ermöglichen kann, ihre vierbeinigen Freunde unterzubringen, um diese vertrauensvoll in kompetente Hände zu geben. Aus eigener Erfahrung weiß ich, dass den Besitzern eine große Last von den Schultern genommen wird, wenn sie die Sicherheit haben, dass ihr Schützling an keinem Platz besser aufgehoben ist und betreut wird, als an diesem, und es ihn möglich ist, sie dort jederzeit zu besuchen. Rekonvaleszente Tiere könnten dort wieder gesunden, um in ihr altes Leben zurückzukehren.

Ich erträume mir einen friedvollen und fröhlichen Ort der Begegnung, an dem Mensch und Tier gleichermaßen frei miteinander interagieren und einander ergänzen.

Ich erträume mir, dass man an einem solchen Ort viel über die verschiedensten Tierarten erfahren und sich, zum Beispiel im Rahmen einer Betreuungs-Patenschaft, intensiv mit einem dieser Lebewesen beschäftigen kann, ohne die Last der Verantwortung ein ganzes Leben lang tragen zu müssen. Der Nutzen wäre für beide Seiten groß: Das Tier bekommt die Aufmerksamkeit und Zuwendung, die es verdient, und der Pate erlebt Freude und macht wichtige Erfahrungen. Mit einer solchermaßen aufgebauten Community wäre es sicherlich auch möglich, noch mehr Schützlinge aufzunehmen und mehr arme Tiere zu retten, die von den widrigen Umständen des Lebens gebeutelt auf ein liebevolles Zuhause hoffen.

Ich erträume mir ein Heim für all die kranken und alten Geschöpfe, die in ihrem Umfeld nicht mehr erwünscht oder glücklich sind.

Ich erträume mir, dass wir gemeinsam ein Zuhause schaffen, in dem sich Tier und Mensch auf Augenhöhe begegnen.

Der junge Poitou-Esel Frederic ist mein neuestes tierisches Familienmitglied . Mit seinem entzückenden Wesen , dem kuscheligen Fell und den riesen Ohren hat er mein Herz im Sturm erobert.
Benannt nach einer Region im Westen Frankreichs, sind diese Großesel stark vom Aussterben bedroht. Weltweit gibt es nur noch fünfhundert dieser wunderschönen Tiere.

Über die Autorin

Schon in ihrer frühesten Kindheit zog es Gaby Wodak zu Tieren hin. Wo immer sie unterwegs war, fand sie ein Geschöpf, das ihrer Hilfe bedurfte. Bald bekam sie ihren ersten Hund, es folgten Meerschweinchen, Wellensittiche und viele andere Tiere. Ihre Eltern waren dabei sehr geduldig und unterstützten ihre Tochter in deren tierischem Hobby. So hat die Autorin als junges Mädchen Enten vor dem Schlachten gerettet oder Kaninchen ein neues Zuhause gegeben. Puppen oder anderes Spielzeug haben sie nie interessiert. Mit totem Plastik oder Porzellan konnte sie nichts anfangen, dafür aber umso mehr mit allem, das lebte.

Bald begann Gaby Wodak auch mit Begeisterung zu reiten und sich für Hunderassen und die Hundezucht zu interessieren. Sie besuchte Ausstellungen und informierte sich über die Bewertungskriterien sowie über die Bedingungen der Zucht. Es dauerte auch nicht lange, bis sie in diesem Bereich auf die ersten Missstände stieß. In dieser Zeit wurde eine Leidenschaft geweckt, die die Autorin nicht mehr loslassen sollte. Gaby Wodak machte eine Ausbildung zur Zuchtrichterin und nahm sich besonders der Listenhunde an, die von unsinniger rassespezifischer Gesetzgebung betroffen sind. Die Gesundheit der Hunde stand bei den Beurteilungen immer an erster Stelle. Neun Jahre lang war sie im Vorstand des Österreichischen Kynologenverband für die PR zuständig. Als in der Steiermark die Haltung von neun Hunderassen per Gesetz verboten wurde und viele betroffene Besitzer ihre Hunde hätten abgeben müssen, trat die Autorin an die Öffentlichkeit. Sie machte darauf aufmerksam, dass ein Hund nicht unschuldig seine Familie verlieren soll, nur weil er völlig unsinnigerweise auf Grund seiner Rassezugehörigkeit verurteilt wird.

Als Präsidentin der Weltdachorganisation für Rottweiler, IFR, reiste Gaby Wodak über alle fünf Kontinente, wo sie auch zahlreiche Seminare über Hundehaltung hielt.

Ein Leben ohne einen treuen Rottweiler an ihrer Seite könnte sich die Autorin längst nicht mehr vorstellen.

Ein ganz besonderes Anliegen ist Gaby Wodak auch der illegale Handel mit Welpen, bei dem immer noch sehr viel Tragisches passiert.

Vor einigen Jahren übernahm sie zusätzlich zu ihrer vielseitigen Tätigkeit einen Tierpark im Wienerwald und konnte ein Refugium für Tiere in Not schaffen.

Das Schicksal jedes einzelnen Tieres war ihr immer ein leidenschaftliches Anliegen, und sie ist dankbar dafür, dass sie ihren Traum, mit und für ihre Tiere zu leben, realisieren konnte.

Im Zuge ihrer Arbeit hat die Autorin auch sehr viele Freunde gewonnen – Dr. Helmut Pechlaner, zahlreiche Tierärzte, Tiertherapeuten, Tierlehrer und andere Helfer, die sie allesamt bei ihrem Projekt unterstützen. Sie verdankt diesen mutigen und tatkräftigen Menschen sehr viel und hofft dank dieser ausgezeichneten Kooperation noch viel für jene Tiere erreichen zu können, die ihre Unterstützung am dringendsten benötigen.